插图本中国建筑雕塑史丛书

先秦建筑雕塑史

史仲文——丛书主编

汪礼清——主编

上海科学技术文献出版社
Shanghai Scientific and Technological Literature Press

图书在版编目（CIP）数据

先秦建筑雕塑史 / 史仲文主编．—上海：上海科学技术文献出版社，2022

（插图本中国建筑雕塑史丛书）

ISBN 978-7-5439-8455-4

Ⅰ．①先… Ⅱ．①史… Ⅲ．①古建筑—装饰雕塑—雕塑史—中国—先秦时代 Ⅳ．① TU-852

中国版本图书馆 CIP 数据核字 (2021) 第 201461 号

策划编辑：张　树
责任编辑：付婷婷　张亚妮
封面设计：留白文化

先秦建筑雕塑史
XIANQIN JIANZHU DIAOSUSHI
史仲文 丛书主编　汪礼清 主编
出版发行：上海科学技术文献出版社
地　　址：上海市长乐路 746 号
邮政编码：200040
经　　销：全国新华书店
印　　刷：商务印书馆上海印刷有限公司
开　　本：720mm×1000mm　1/16
印　　张：7.25
字　　数：107 000
版　　次：2022 年 1 月第 1 版　2022 年 1 月第 1 次印刷
书　　号：ISBN 978-7-5439-8455-4
定　　价：68.00 元
http://www.sstlp.com

CONTENTS

目录

先秦建筑雕塑史

先秦建筑雕塑史

XIAN QIN JIAN ZHU DIAO SU SHI

汪礼清

第一章

1 概 述

春秋战国时期在中国历史上是一个充满了政治动乱的时期。伴随着诸侯连年不断的征战，当时的社会经济和思想文化艺术也经历着巨大的冲击。铁质农具的广泛使用和牛耕的推广，使社会生产力水平有了很大提高，农业得以迅速发展；手工业生产和商业也日益发达起来，最终导致奴隶制度彻底崩溃，封建地主阶级开始登上历史舞台。在剧烈的社会变革中，思想空前活跃，涌现出诸子百家，各自著书立说，阐明哲理，形成百家争鸣的局面。思想的解放，又带动了文化艺术的繁荣和进步。就是在这样一个大时代背景下，作为社会物质文明和精神文明产物的建筑与雕塑艺术，在经历了商代和西周漫长岁月的发展演变之后，在很多方面都取得了飞跃性的进展，并终于摆脱了原始气息，开始表现出崭新的时代特点。

第一节
春秋战国时期的建筑

>>>

大规模城市建设的展开，是春秋战国时期建筑活动的主要方面。春秋中期以后，由于人口的增加，手工业和商业的繁荣，城市迅速发展起来，不仅数量大量增加，而且规模也不断扩大，从而形成了一个城市建设的高潮时期。

在这个过程中，各诸侯国十分重视城市的选址工作，一般都要委派亲信的得力大臣进行考察决策。选址的首要着眼点，是有利于发展经济和保障城市安全。所以事实上，各国都选择了交通发达的地方，特别是靠近河流、有险可依的地方建立都城。也正是由于选址的成功合理，当时的很多城址如临淄、邯郸、新郑、咸阳等，迄今为止还是很发达的城市。

春秋战国时期诸侯战争频繁激烈，因此城市普遍设防非常严密。这成为当时城市的一个突出的特点。通常城市都有高大宽阔的城墙，墙外有又宽又深的护城壕。有些护城壕是人工开挖的，有的则是将比人工护城壕更难逾越的河道、沟渠等作为天然堑壕；城门的数量都尽可能减少；与城墙修筑在一起，或是脱离到城墙之外的高台建筑，显然在战时也是坚固的军事堡垒。此外考古发掘发现，当时城市供、排水设施的设计建造，也都充分体现出随时准备应付战争到来的特点。

春秋战国时期的都城，除了咸阳到现在还没有发现城墙外，一般来说都设有城和郭。二者各自的功能非常明确："筑城以卫君，造郭以守民。"(《吴越春秋》) 因此，服务于君主的城与容纳普通百姓的郭，在关系上呈现出各自分立但又相互依存的特征。当然也有些城市由于受西周城市规划体制的影响很大，而将城位于郭内的中央，如鲁都曲阜等。

在城市建造的实践中，多数城市都从实际情况出发，因地制宜，根据不同地形以及城市防御的需要来设计平面。因此城市的平面形状多有

曲折，而并不强求规整。这也反映出当时城市规划思想已变得非常注重实效。

春秋战国时期城市的格局，也发生了很大转变。由于城、郭分立，宫城不再作为整座城市规划结构的中心，而百姓居住的郭则变得独立和完整起来。这样一来，便打破了西周城市规划体制，出现了以宫城为核心的城市格局。这一变化在当时具有相当重要的进步意义。它使城市不再围绕政治中心的宫城发展，而是走上独立发展的道路，从而顺应了城市经济发展的需要。因此，齐都临淄、赵都邯郸等城市才能迅速繁荣起来，并且呈现出商业城市的面貌。

如此看来，春秋战国时期在探索如何使城市格局更加符合城市发展规律方面，已经获得了宝贵的经验，只是由于当时的中国还处于严重的分裂状态，这种探索才没有能够形成一种新的完整的城市规划体制。此后，随着高度中央集权的封建制度的发展，宫城重又恢复了在城市中的主导地位。如西汉的长安，甚至城市的绝大多数面积都被五座宫城所占据。

春秋战国时期的城市在探索和尝试各种规划格局的同时，很大程度上还保留着西周城市规划体制的传统。其最主要的表现，就是宫城与“城”，甚至郭，在规划上仍然有着密切的关系。

对于城市中居住区的规划，当时已经有了比较科学的指导思想，懂得按照不同的功能，合理地安排居住分区，以适应城市的发展规律。此外，城内外常有王室、贵族陵墓区的设置。这可能是在当时战争频繁发生的情况下，一种不得已的保护措施。城内外还常有离宫别馆等，乃是国君、贵族们休闲的去处。

宫殿是春秋战国时期成就最高的建筑类型。春秋中期以后，由于生产的发展，人口快速增加，社会财富大幅度地积累和增长，在客观上为宫殿的繁荣发展提供了充沛的人力和物质基础；这时周天子的威信已名存实亡，在政治、经济和军事上迅速崛起的各诸侯国，纷纷大举营建宫殿。于是，不仅宫殿的数量大量增加，规模越来越大，而且形制也越发华丽。战国时期，经过诸侯之间大规模的兼并战争后，只剩下七雄，人口和社会财富更加集中，同时“高台榭，美宫室”之风更盛，宫殿的发展达到了一个高峰时期，并随之涌现出一大批旷世的恢宏之作。

对于宫殿建筑观念的转变，乃是推动宫殿发展内在的重要因素。春秋以前，人们普遍对宫殿建筑持有一种比较朴素的观念，认为它只要满足基本的使用要求就可以了。因此，尧帝的宫室“堂崇三尺，茅茨不剪”(《史记·五帝本纪》)；大禹“卑宫室，致费于沟洫”。这固然说明当时的建筑技术水平还十分低下，但那时帝王对于宫殿建筑观念之俭朴也可见一斑。后来人们还始终津津乐道于圣贤们这种“卑宫室”的做法，将其奉为典范。春秋战国时期，已经有了比较雄厚经济实力的各国统治者，对于宫殿建筑的认知发生了很大的变化，他们主要是出于追求豪华奢侈的生活享受，以及炫耀其物力、财力的目的大事兴建宫殿建筑。于是原来比较简朴的观念动摇了，周王朝曾经制定的一系列关于宫殿建筑营造的准则被打破，各国竞相攀比模仿，以将宫室建造得更加豪华壮丽为荣，从而推动宫殿的艺术水平和技术水平不断发展提高，最终取得辉煌灿烂的成就。

春秋战国时期宫殿最显著的特点，就是普遍大量建造高台建筑，或者说台榭。其构筑方法是，先以人工夯筑一座土台，再在台上分层建造木构宫室。应当说这种建筑类型是我国古代木构建筑技术还不发达情况下，建造大体量建筑的一种办法。其优点很明显：位置比较高敞，采光、通风状况良好；在军事上，有利于防守及观察敌情；可以登高瞭望，远眺风景；此外其高度和体量容易形成宏伟的外观，也比较适合宫殿建筑外部形象的需要。其缺点就是建造起来比较费时费力，而且这种土木结合的办法在塑造建筑体量上也要受到一定制约，比如要将建筑建造得比较轻巧就有些困难，必须要依赖木构技术的进步才能解决。

高台建筑出现得很早，至少在商朝时就已经产生了。最初修建它的目的，可能主要是为了军事防御和登高瞭望的需要。文献中有“纣为鹿台，七年而成。其大三里，高千尺，临望云雨”的记载。但联系到目前已知的商代宫殿建筑的情况，我们可以想象鹿台之上也许同样简陋。后来到了春秋战国时期，随着对于宫殿建筑的观念转变为崇尚豪华奢靡，各国诸侯纷纷大兴台榭，此时的台榭，已经变成诸侯夸耀财富、尽情享受荣华富贵的地方了。例如春秋晚期楚国的章华台，“楚王欲夸之，飨客章华之台，三休乃至于上”(《艺文类聚》)，就说明了这一点。建造高台建筑的风气在西汉时还很盛行。之后，随着木构架建筑技术的发展，单凭木构就能创造大空间、大体量和壮丽的建筑形象，高台建筑便逐渐衰落下来。但是高台建筑的影响力还是很大的，它所形成的一些建筑艺术表现形式，在后世宫殿建筑中的很多方面都经常出现。

从现在了解到的情况看，几乎所有春秋战国时期都城的故址内，都保留着数座乃至数十座高台建筑遗址，从中我们不难看出，在宫殿区的平面配置中居于主导地位的台基，尺寸都相当巨大。这说明高台建筑不仅是当时宫殿中常见的建筑类型，而且，也必定凭借其巨大的体量和激动人心的艺术形象在宫殿中成为主体殿堂。

春秋战国时期的宫殿还表现出一个特点，就是宫殿区往往都围绕着一条中轴线来进行平面组织，而这条轴线的设置，又常常与整个城市的规划有密切关系。如燕下都、郑韩故城、邯郸赵王城都是如此。

秦都咸阳第1号宫殿建筑，是近年来发现的战国中晚期秦国的宫殿建筑。这是一座典型的高台建筑，有高大的夯土台基，房间分布于台基的四周和台面之上；房间内有先进的取暖、排水、冷藏、沐浴盥洗等生活设施，还有绚丽的壁画。这座建筑保存得相当完好，内容极其丰富，对于研究春秋战国时期宫殿建筑的艺术和技术的发展水平，都具有特别重要的意义。

陵墓和宫殿一样，也是春秋战国时期最重要的建筑类型之一，代表着当时建筑艺术和技术所能达到的最高水平。从各诸侯国陵墓的布局来看，它们一般都经过比较完整统一的规划。陵区通常是一个与周围环境有明显隔离的独立区域，里面集中布置若干陵墓；同一陵区内的各陵墓之间，往往呈现出有规律的安排和布局。将陵墓集中布置于陵区内的做法，是流行于春秋战国时期的族葬制度的产物。按照其规定，死者应当根据宗法关系同族而葬，不论王室贵族或是普通百姓，一律如此。实际上这也是商周宗法制度的一个重要内容，同一陵区内各陵墓之间排列的规律，就是宗法关系的具体表现形式。对此《周礼》中有明确规定："先王之葬居中，以昭穆为左右，凡诸侯居左右以前，卿大夫居后，各以其族。"

从形制看，陵墓一般都分成地下、地上两部分。地下主要是墓室，安置棺椁；地上主要有封土坟丘和墓上建筑。墓室一般都带有墓道。设置墓道的数量大体与墓主的身份相符合。墓室内的正中构筑木椁室，椁内再安放数重棺。这时候也开始探索其他形式的椁室，如春秋时出现的“黄肠题凑”就是一个重大的发展。“黄肠题凑”实际上是一种木椁，材料和形式都要比一般的椁室讲究，而且位于普通的木椁之外。

春秋时期的陵墓很少有高大的墓上封土。但到了战国时期这种情况则变得非常普遍。墓上封土坟丘产生的缘由可能是为了便于墓祭。战国时期，随着宗庙祭祀地位的降低，墓祭开始逐步取代宗庙祭祀。墓上封土坟丘和亭堂建筑的使用渐渐多起来。有实例证明，战国时期各国的陵墓普遍都有高大封土。各国墓上建筑使用的总体状况如何，由于考古资料不足，现在了解得尚不全面。但可以肯定的是，在高大的方形封土之上建造亭堂，已成为战国中晚期三晋、中山一带陵墓比较常见的做法。这种做法在中国古代陵墓发展史上有着重要意义，因为它直接影响到后来的秦汉陵制，即“方上”之制的出现。后来秦汉时期以高大的人工夯筑陵体为中心，四面围绕陵垣，陵体上置祭祀建筑的方式，显然是深受战国中晚期陵墓的影响。另外，受商代陵墓的影响，春秋时有的陵墓地面不起坟丘，而直接在墓上建造祭祀建筑，这可能只是属于地方性的做法。

春秋战国时期陵墓建造的技术也曾经达到很高水平。据文献记载，当时陵墓最主要的防水和防护措施，就是在墓室外积石、积炭。考古发掘证明，这种做法在当时是非常普遍的。南方各国由于地下水位普遍较高，所以更加注重墓室防水的技术处理。其中楚文化圈内的国家在这一方向取得的成就最高。湖北随县曾侯乙墓就是依靠了层层严密的防水处理，才得以基本完好地保留至今。

之后发掘的中山王䧳（cuò）墓，为我们提供了一个完整的战国王墓实例。其墓上有夯筑的高大封土，上面原来有一座以夯土台为中心的台榭建筑。这座陵墓之所以在中国古代建筑史上占有重要的地位，主要是因为在其中曾发现一块兆域图铜板，上面用金银镶错着中山王墓所在地——兆域的平面图。图中详细地注明了各个部位的名称、尺寸，还有说明文字和中山王的诏书。这是中国现存最早的建筑平面图，基本上按照一定的比例绘制，比较科学合理，从中我们得以进一步地了解中山王墓建设的情况。它对于研究战国时期的陵墓制度具有极为重要的学术价值。

第二节
春秋战国时期的艺术风格

>>>

建筑的装饰、装修和色彩在春秋战国时期也有了很大的发展。中国古典建筑艺术加工体系中的大部分内容，这时都已开始酝酿形成，有的方面甚至达到了比较高的水平。在春秋时，建筑上装饰、装修和色彩的运用更多地受到礼制因素的制约，因此等级差别明显。任何人都不许僭越。战国时期随着礼制束缚被打破，建筑的形象变得越发华丽起来，并呈现出百花齐放的面貌特征。

这时围绕着木构架体系的建筑艺术加工，主要表现在斗拱的大量使用上。斗拱既是结构性的构件，又是装饰性的构件，它的出现标志着建筑的发展已经达到一定水平，开始比较注重建筑艺术处理。春秋战国时期，斗拱的形象已十分常见，虽然构造还比较简单，但已经有了相对而言发展得比较完善的一斗三升斗拱。此外还有平座斗拱、插拱、抹角拱等特殊类型的斗拱。斗拱的一些基本特点也已初步形成。文献中关于“山节藻税”的记载，说明至少在春秋时，柱头上的大斗已有一定的艺术处理。当时的椽子、柱、梁等大木构件，也都有相应的艺术处理，并与礼制相联系。

春秋战国时期盛行高台建筑。在台基表面的上部，有用角柱和间柱划分壁面，其间错砌不同颜色条砖或条石的装饰形式。这种做法既保护了夯土台基，又有很强的装饰性。台基上的栏杆有陶制栏杆砖，各地纹样可能各有不同，而以地方特色为主。铺地砖纹样种类也很多，还有用于砌筑踏步的空心砖。

瓦当作为筒瓦的瓦头部分用于檐部，既有保护椽头、使之延长寿命的实用功能，同时又因为处于立面的重要部位而极富表现力。因此在春秋战国时期，瓦当便成为重点的装饰部位，发展出许多不同的装饰纹样。起初瓦当为了制作方便，都是半圆形的，大约在战国时期出现了圆

瓦 当

瓦当，是指古代中国建筑中覆盖建筑檐头筒瓦前端的遮挡。瓦当的图案设计优美，字体行云流水，极富变化，有云头纹、几何形纹、饕餮纹、文字纹、动物纹等，为精致的艺术品，属于中国特有的文化艺术遗产。

形瓦当，虽然制作起来麻烦，但是功能上大有改进，而且也使装饰纹样更加丰富。各国瓦当的纹样各自都有强烈的地方特色。其中齐国瓦当的内容，主要是以树木、云纹、箭头纹等构成的抽象的生活画，树木居于中心，其他纹样往往只在两旁作陪衬；燕下都的瓦当只有半圆形瓦当，主题是饕餮纹、双兽纹、双鸟纹，以树木为主的纹样极少；秦国早期的瓦当多取材于自然的动植物，写实性很强，因此图面自由奔放、生机盎然，艺术水平很高；到了战国晚期，则渐渐规范化、图案化。东周王城和郑韩故城内也都曾有瓦当出土，各具特色。总的来看，春秋战国时期的瓦当形式多样，内容丰富，同时又非常协调、统一，在当时的建筑装饰艺术中成就是最为突出的。

门窗基本上沿用了西周时期的式样和做法。室内装修中多使用铜质构件，如铺首、套在木构梁枋上的饰件等。春秋时各国建筑上的设色大都遵循周朝的规定。战国时在这方面可能要自由些。宗庙、宫殿中还常使用壁画，题材非常广泛自由。就实例来说，秦都咸阳第1号宫殿建筑遗址中曾发现壁画残片。咸阳第3号宫殿建筑遗址的壁画保存较好，虽然在年代上属于秦代，但为我们了解春秋战国时期壁画的特点提供了重要的参考。

雕塑艺术在春秋战国时期逐步成熟起来，取得了许多成就。首先，雕塑艺术已经不再局限于只是单纯的工艺装饰，开始走上独立发展的道路。从内容上看，雕塑作品在反映社会生活的深度和广度方面都有很大发展。人物形象大为丰富，不仅数量众多，而且种类也很繁多，不同社会地位的人物都出现在当时的雕塑作品中。这时还出现了以特定生活场景为主题的雕塑，深刻地反映了当时社会生活的现实。

从艺术风格看，雕塑作品的风格更加平实，更富有现实主义色彩。春秋中晚期以后，特别是到了战国时期，雕塑艺术中还出现了讲求繁缛华美、细腻绚丽的倾向，非常富有浪漫主义气息。春秋战国时期的雕塑在材料、加工工艺、塑造手法方面也取得了很高的成就。雕塑所使用的材料范围更加广泛，还出现了同时利用多种材料进行创作的趋向。以青铜工艺雕塑为代表，雕塑加工的工艺水平也有了很大进步，出现了焊接技术、失蜡熔模工艺、镶错线刻工艺等先进技术，使造型和装饰纹样都获得了更大的发展空间；在塑造手法上，常常通过综合运用圆雕、浮雕和透雕等来塑造艺术形象，并运用镶错、线刻，以线条进行刻画，以加强作品的艺术表现力。木雕还往往通过与绘画等手段相结合，使作品产生更加生动逼真的艺术效果。

春秋战国时期的雕塑艺术之所以能够取得如此成就，与当时手工业的繁荣发展有着密切的关系。这个时期在当时大量艺术实践的基础上，已经开始注意总结这方面的经验。

从具体的类型来看，青铜工艺雕塑可分为三种：青铜工艺雕塑，指用鸟兽形象作为造型的青铜器；青铜器上的立体雕饰，包括附着在青铜器物局部的浮雕、圆雕、透雕；独立的青铜雕塑，在性质上主要是用于观赏的工艺品。春秋战国时期的玉、石雕塑，纹样雕琢得更加精细，使造型、材料肌理与精美的雕刻纹样得以完满统一，因此作品极富装饰

战国木雕俑

木俑是古代用来殉葬的木偶，以俑代替人作为陪葬品，有人俑、牲畜俑。有机关木人俑与实体木人俑之分。

性，艺术成就十分突出。明器雕塑，是春秋战国时期雕塑的重要发展。陶俑尚处于初创阶段，比较注重整体造型，而疏于细部刻画，因此显得比较简单粗糙。战国木俑是明器雕塑中数量最多、成就最突出者，多集中于楚墓中。木雕镇墓兽几乎每墓都有，成就也相当高。建筑上的装饰性雕塑，大体上表现在瓦当、铺地砖、门窗构件等方面，其中以瓦当艺术最为突出。

下面我们将从城市、宫殿、陵墓建筑的装饰、装修和色彩，以及雕塑艺术等几个方面探讨春秋战国时期的建筑成就。

第二章 >>>

城市建筑

第一节
春秋战国时期城市的发展

>>>

城市的出现，是奴隶社会初期的事。它是在激烈的阶级斗争中，随着国家的形成而产生的。夏朝时已经有了城市，《竹书纪年》中有“禹都阳城”的记载。河南登封、山西夏县等地的考古发掘也表明，有时代相当于夏朝的城市遗址存在。

商朝时，国家机构日益完善和强化，城市有了进一步的发展。现在已发现的商代城址，有位于河南偃师区西面的商代初期成汤都城——亳城的遗址，还有商代中期的河南郑州商城，及湖北黄陂盘龙城的商城遗址。

周朝建立以后，为维护对广大疆土的统治，大肆推

铜雕花钺形刀

铜雕花钺形刀壁薄，器中部镂空龙形纹，龙身作波浪状，龙身上下间饰云纹。器上缘有一个长方形穿，器左右两侧饰反“3”字形扉棱牙。

行封邦建国的分封制，共分封了七十一国。于是，以周公营洛邑为代表，西周初期出现了一个城市建设的高潮。在全国各地，有一大批城市如雨后春笋般建立起来，如鲁都曲阜就是那时建成的。

总的说来，西周及其以前的城市，主要是奴隶主统治的政治中心。城市就意味着国家，建立都城就叫“营国”；此时城市的经济作用还不明显。手工业和商业都是由官府经营，为统治阶级服务的行业，所以西周时有“工商食官”的说法；城市的规模都很小，人口很少，城市面貌也并不繁华；城市规划和建设的体系，更着重于体现等级秩序。

春秋中期以后，特别是到了战国时期，随着各诸侯国人口的不断增加，农业、手工业和商业的日益繁荣，城市的性质发生了变化，开始由原来单纯的政治中心，向政治、经济中心转变；再加上当时复杂的政治斗争的需要，各国普遍推行郡县制度，城市迅速发展起来，从而形成了继周初封邦建国之后的第二次城市建设高潮。

首先，城市的数量大量增加。春秋时期城市的数量相对来说还比

河南郑州商代亳都都城遗址

▲ 郑州商代都城遗址是中国第二个王朝商代的开国之都——亳都，是迄今为止已知的仍屹立于地面之上的中国最早的都城遗址，三重城和25万平方千米的面积使它成为世界同时期规模最庞大的城市遗址。

较少。到了战国时期，出现了大批中小城市。其数量之多、密度之大已远非春秋时可比，所以当时才会有“千丈之城”“万家之邑相望”① 的说法。

其次，城市的规模也不断扩大。春秋及其以前城市的人口尚很少，规模也很小。“城虽大，无过三百丈者，人虽众，无过三千家者”。而到了战国时期，“三里之城，七里之郭”“万家之邑”已是很普遍的现象。

关于城市的规模，西周时为配合封邦建国，曾根据宗法制度制定过严格的规模等级。首先，只有周天子和诸侯才有资格建造城市。在此基础上，按照地位高低，天子之城“方九里”(《考工记》)，公侯之城方七里，侯伯

---

① 《战国策·赵策三》(赵奢语)。

之城方五里，子男之城方三里。任何人都不许僭越。春秋初期各国基本上比较遵守规定，加上经济并不发达，所以城市规模都不算太大。春秋晚期，礼崩乐坏非常严重，经济也有了一定程度的发展，城市建设中擅自扩大规模的僭越现象便已屡见不鲜。战国时期，礼制束缚被打破了，随着城市工商业突飞猛进的发展，城市的面貌表现出商业城市繁华热闹的特征；城市人口也因为城市经济的繁荣变得密集起来，根据推算，当时齐都临淄城内人口已达35万之多，其他几座战国主要城市的人口也都不下数十万。在这种情况下，城市的规模便像近代的商业城市那样，迅速扩张起来，突破原来制定的界限。

通过近年来的考古发掘和研究，现在我们已经知道，东周王城的面积大约是11平方千米，按照周代的尺寸计算，基本上是《考工记》规定的方九里的规模。然而，战国城市中韩都新郑面积约14平方千米，齐都临淄面积约15平方千米，楚都郢面积约16平方千米，赵都邯郸面积约19平方千米，燕下都的面积更达到30平方千米以上，都远远超出了东周王城的规模。

从春秋战国时期城市的规划和建设来看，其选址都非常讲究。选址的好坏，直接关系到城市是否有足够的安全保障，以及能否正常运转，因此历来为统治者所重视。早在西周初期，营建东都前夕，周成王就先后派召公、周公去洛邑一带相土卜宅（《尚书》）。春秋末年，吴王阖闾为了“兴霸称王”，便委派伍子胥“相土尝水”，兴建阖闾城。

现在我们通过考古发掘所了解的列国都城，在选址方面都颇有可称道之处。它们一般都是位于水陆交通比较发达的地方，尤其是靠近河流的地方。这样既便于经济发展，又有利于军事防御。其中有的处于河畔，如秦都咸阳；有的建造在两条河流之间，以河流作为天然屏障，如齐都临淄，选择了淄河西岸的河床建造城址，西面是系水；鲁都曲阜，城址处于洙河与沂河之间，实际上是洙河的河曲地带，而沂河流经城南；燕下都，处于北易水和中易水之间；郑韩都城新郑城，据双洎河与黄水河交汇处的三角地带修筑等。有的则径直让河流贯城而过，使城市的规划结构与河道相结合。如楚都郢，有四条古河道在城内纵横交织、相互连通，呈“T”形，将全城分为四大部分；魏都安邑，有青龙河在城的东半部自西南向东北穿城而过；赵都邯郸，有沁河与渚河分别流经大北城和赵王城等。

关于城市选址，春秋战国时期已经形成了非常科学的理论，其中最有代表性的就是《管子》中的一些论述。《管子·乘马篇》说：“凡立国都，非于大山之下，必于广川之上。高毋近旱而水用足。下毋近水而沟防省。”《管子·度地篇》又说：“圣人之处国者，必于不倾之地，而择地形之肥饶者，乡山左右，经水若泽。”由此可以看出，《管子》对于城市选址的论述还是相当全面、合理的，具有很重要的指导意义。

春秋战国时期城市的一个显著特点，是普遍设防非常严密。城市的产生，本身就是出于设防的需要，所以早期的城市都是设防城市，都有夯筑的城墙。然而到了春秋战国时期，形势的发展不仅使设防的需要变得尤其强烈，对于城市防御能力也提出了更高的要求。由于诸侯之间的战争连年不断，极为频繁激烈，任何一个诸侯国，都无法在那样随时可

战国赵长城遗迹

△ 赵长城是我国现存最古老的长城，至今已有 2 000 多年的历史，保留比较好的一段在包头至石拐公路 10 千米处。

赵王城遗址公园

赵王城，亦称赵都宫城，是赵邯郸故城的一部分，当时的赵都邯郸也是战国后期黄河以北人口众多、商业繁荣的著名大都会。

能处于战争状态的环境里独善其身。而且，当时每一个诸侯国都不是很大，都没有太多的纵深腹地可供回旋。常常是只要几个诸侯国联合起来进攻另一国，遭受进攻的一方立即就会面临灭顶之灾。这种情况到战国晚期都没有发生根本变化。疆域辽阔的大国如齐、楚，都曾被攻破都城，即使是国力最强的秦国，在面对团结一致的东方六国时也感到非常害怕。另外，军事技术的发展也使攻城手段更加先进。所以，在春秋战国时期如此复杂、残酷的形势下，加强城市的防御能力，就成为当时城市规划和建设的一个重要方面。

各国城市有一些共同的加强防御能力的手段。首先，城市都有高大宽阔的城墙。城墙高大，可以增加敌人进攻的困难；而城墙顶部宽阔，则可以容纳更多的守城士兵，这在战争规模不断升级、动辄数十万人鏖战的战国时期是极有必要的。从列国都城残留的城墙看，齐都临淄残存的墙垣有的高5米，墙基大多宽20～30米，最宽处在60米左右；楚都郢残墙一般仍高出地面4～5米，北墙高出地面7米，城墙上部现存的宽度在10～14米不等；郑韩都城新郑残墙高15～18米，底宽40～60米；赵都邯郸的赵王城中，西城的城墙残高3～8米，墙基宽20～30米，局部宽度40～50米。这些数字足以说明当时城墙的尺寸是相当巨大的。考古发掘中还发现，城墙修筑时有些地方往往有意识地形成转折，有的甚至向外凸出一部分，这显而易见是结合城市防御的处理措施，目的是为了便于从侧面杀伤敌军。此外，与城墙建在一起，或是完全脱离到城墙之外的高台建筑，如燕下都的老姥台，在战时也是坚固的军事堡垒。

其次，城墙外都有又宽又深的护城壕。有的护城壕是人工开挖的，有的则是以河道、沟渠等作为天然护城壕。如齐都临淄，城墙外东西两侧分别有淄河和系水，南北两侧则挖有壕沟，与淄河、系水相互沟通，甚至小城嵌入大城的部分也有护城壕。护城壕宽度一般在20多米，中间深3米以上；楚都郢的护城壕绕城一周，宽40～80米；燕下都东城，南北分别有中易水、北易水，东面有宽20米的护城壕，西面有运粮河沟通北易水、中易水，河道宽40～90米。可以说这些护城壕将城市围裹得极其严密。

第三，城门的数量一般都尽可能地减少。关于城门的设置，《考工记》的规定是“旁三门”，即每面城墙设三个城门。从已作过发掘的列国城市看，只有鲁都曲阜因保留了较多西周城市的特点，而在四面共设置了11座城门，接近“旁三门”的制度，其他城市基本都少于这个数目。如齐都临淄，勘探中发现11座城门，其中小城5座，东、西、北各一，南面两座，大城6座城门，东西各一，南北各二；楚都郢共发现有7座城门，其中还包括两座水门，在北、西、南三面各两座，东面一座。由于城门是城圈上的薄弱环节，开辟过多的城门必然对城市的防卫不利。所以在满足使用要求的情况下，城门的数量尽可能地少也是必然趋势。至于当时一些军事堡垒性质的城市，有的甚至全城只设有一座城门。

第四，城市基础设施如供水和排水系统的设计建造，都考虑应付战

稷下学宫遗址

稷下学宫是世界上最早的官办高等学府和我国最早的社会科学院、政府智库。始建于齐桓公田午时期，位于齐国国都临淄（今山东省淄博市临淄区）稷门附近。

时的需要。城内有河流、水源的城市在遭受围困时，供水不难解决。然而，对处于高地上的军事堡垒性质的城市来说，如何在战时安全可靠地得到供水，就是一个非常重要的问题。河南登封东周阳城的发掘表明，当年城内的北部有完整的供水设施。这套供水设施包括地下输水管道、控制水流量的控制坑、澄水池、贮水坑、蓄水瓮等组成部分，输水管道由北向南铺设在岩石层中凿好的沟槽内，分东西两路将城外河水引入城内，南端与开凿在红色岩石层中的贮水池相连。整套供水设施科学完善，非常符合现代城市供水的原理。

齐都临淄城排水体系末端被压在城墙下面的排水道口，也有周密的防护措施来保证安全。排水道口用青石块垒筑而成，其出水口内石块交错排列，水可以从孔内流出，而人却不能通过水孔爬入城内，既实用，又非常安全可靠。

此外，关于如何加强城市的防御能力，有人还专门进行了理论上的探索。墨子在这方面就有不少精辟的论述。比如他认为，首先城址就应当处在便于防守的地形之中；在此基础上，城市建设的规模应当与城市人口保持一定的比例关系，城大人少或城小人多都不利于防守。在筑城方面，他还针对当时的12种攻城技术，提出了相应的加强措施。

春秋战国时期的城市从形制来看，一般来说都设有城和郭，或者说内城、外城两部分，宫城位于内城之中。在功能上，城、郭各有分工，即所谓“筑城以卫君，造郭以守民”，其意思很明确：城是用来保卫国君的，郭是用来守护人民的。从列国都城考古发掘的情况看，当时的城、郭，的确存在这种功能分工。如齐都临淄，小城是所谓的“城”，在城内北部有以桓公台和金銮殿为中心的宫殿区，而大城是郭，主要分布着平民生活区和手工作坊区；郑韩都城新郑，西城是“城”，城内的中部偏北处是宫殿区，东城是郭，主要是手工业作坊区，各种作坊遍布城内各处；燕下都的西城可能是出于军事上的考虑后来增筑的，而东城无论从规模上，还是从体系上看，实际上都是一个独立的完整的城市，“城”位于北部，原来可能是处于隔墙以北，后来又加以扩展，“城”内有以武阳台为主体的宫殿区，郭则在“城”南部的外围；赵都邯郸的情况比较特殊，实际上没有“城”。赵王城的三个小城构成了宫城，独立存在于大北城外的西南方，而大北城则是郭，城内有各种手工业作坊遗址。这其中的缘由是，大北城曾作为独立的城市发展了很久，后来赵国迁都于此，并未将宫殿区设于旧城，而是另外选择了城外地势较高的丘陵地带建立宫城。如此则一方面便于防守，另一方面也可以居高临下监视大北城。这个事实更进一步证明，“筑城以卫君，造郭以守民”的观念在当时是何等的根深蒂固。

就城与郭的关系来说，大致有这样几种情况，第一种是城位于郭内的中央，如鲁都曲阜、魏都安邑就是如此。第二种是城位于郭内的一侧，如楚都郢、燕下都。第三种是城与郭分立，如齐都临淄小城嵌入大城的西南角、郑韩都城新郑东城与西城并列，赵都邯郸的宫城赵王城与作为郭的大北城完全脱离，也当属此类。

鲁都曲阜代表的是西周时期的规划体制，就是《考工记·匠人》所说的：“匠人营国，方九里，旁三门。国中九经九纬，经涂九轨。左祖有社，面朝后市。市朝一夫。”按照规定，宫城应当位于郭内的中央。这种规划思想在西周时具有特别重要的指导意义。然而在春秋战国时期，城市规划思想发生了很大转变。产生了更加务实、讲求实效的新的

古城墙

规划思想，一切都以有利于城市经济的发展、有利于军事防御为着眼点来规划、建设。反映在城、郭关系上，也表现为只注重两者各自的功能配置，而并不强调以宫城作为整座城市规划结构的中心。因此，城与郭的关系表现出相互独立但又相互依存的特征。当然，这也从一个侧面反映出当时国君出于保障自己安全的考虑，对普通百姓也加以设防的事实。

城市的平面，并不追求方正平直、形式规整。西周城市规划、建设的准则是“方九里”，即讲求平面的方正。而春秋战国时期，随着城市规划思想的转变，一方面在城、郭关系上有了大胆的突破。另一方面，在城市建造的实践中，常常“因天材，就地利”，因地制宜，根据地形的具体情况以及城市防御的需要，来设计城市的平面形状。因此，多不重视城市形状的规整，正如《管子》所说，“城郭不必中规矩”。从考古发掘了解到的情况来看，除了楚都郢，城墙基本保持平直方正外，其他城市的形状大都不太规整。如齐都临淄，沿淄河修筑的大城东墙随河岸蜿蜒曲折，很不规则，北墙和小城的西墙也因河岸和地形的关系有多处转折；郑韩都城新郑因据双洎河与黄水河交汇处修筑，城址极不规则等。

春秋战国时期城市内部的格局，也呈现出不同于西周城市的新特点。我们知道，西周城市规划体制的核心，就是《考工记·匠人》中所说的“左祖右社，面朝后市”。在这种制度规定下，宫城应该位于城市的中心，宫城的中轴线就是全城的中轴线，在宫城前面轴线的两侧，对称布置祖庙和社稷坛，宫城的后面设置市场。全城的其余部分，都要围绕着宫城布局。可以说这种制度充分体现了突出天子至高无上地位的主导思想。

然而在春秋战国时期，城市出现的一些新变化，却逐渐动摇了这一体制。随着城市人口不断增长，工商业日益发达，城市的规模变大了，居住区、手工业区和商业区的面积都大大增加，因而在城市中的比重也逐渐加大。相比之下，宫城与城市的比例变小，其重要性大为减弱，主导地位开始发生动摇。

真正打破了西周以来城市传统格局的，是城、郭分立的做法。城、郭分立的出现，大大改变了传统的以宫城为核心的格局，使宫城偏于一隅，于是宫城便立刻失去了作为整座城市规划结构中心的地位。与此同时，在西周城市规划体制下处于附属地位的郭，则获得了独立和完整的形态，地位因而大为改善。这一变化的意义是十分巨大的，而且是非常积极的。因为它顺应了历史潮流，符合时代发展的需要。作为统治中心的宫城居于一侧，不再成为城市经济发展的障碍，而普通人民居住的郭，也得到独立发展的机会，迅速繁荣起来。唯因如此，齐都临淄、赵都邯郸等城市才能成为当时天下闻名的大都市。所以苏秦说：“临淄甚富而贵，其民无不吹竽鼓瑟，击筑弹琴，斗鸡走犬，六博蹹踘者。临淄之途，车毂击，人肩摩，连衽成帏，举袂（音昧，袖子）成幕，挥汗成雨，家敦而富，志高而扬。”从中我们不难看出临淄已经明显呈现出商业城市的面貌。

不过春秋战国时期的中国还处于分裂状态，诸侯各行其是，所以，

燕下都遗址

燕下都遗址是战国时期燕国的都城遗址。城址呈长方形，东西长约8千米，南北宽达4千米，是战国都城中面积最大的一座。城址中部有一道隔墙，将城分为东、西二城。

各国的城市建设情况也不尽相同。如燕下都既没有采取城、郭分立的做法将宫城偏于一隅，也没有按传统方式将宫殿区置于城内中部，而是将宫殿区置于东城北部居中处。但总体上来说，对于城市的布局还只是处于探索阶段，并没有形成新的城市规划制度。

此时传统的规划思想仍然起很大的作用。其主要表现就是宫城与“城”，甚至郭在规划上还保持密切关系。如齐都临淄，虽然尚不清楚宫殿区是否有明确的中轴线，但从宫殿区与小城的位置关系看，它们很有可能是保持在同一条中轴线上的。燕下都以武阳台、望景台、张公台、老姥台形成的宫殿区的中轴线，位置居中，也是全城的中轴线。郑韩都城新郑的宫城也有明显的中轴线，而且也是西城的中轴线。中轴线的两侧可能如《考工记》规定的那样，也有类似左祖右社的规划内容。

关于城市中居住区的分划，《管子·大匡篇》曾说：“凡仕者近公，不仕与耕者近门，工贾近市。”可见当时已有根据社会阶层的不同，合理安排一定居住分区的思想。其目的就是“定民之居，成民之事”，方便居民日常工作。

城内常有陵墓区的设置，如燕下都、郑韩都城新郑、中山王国都灵寿等都有这种情况。通常陵墓区都位于城市的一隅，估计当时在其周围会有墙垣之类的围护设施，以保证其独立性。这可能是在战争频繁发生的状况下，各国对于祖先陵墓的保护措施。

此外，城内外也常有离宫别馆等以为休闲的去处，如齐都临淄、秦都咸阳、赵都邯郸等。虽然其具体特点甚至位置都已很难确定，但这个事实也说明，结合城市的布局建造一定规模的苑囿，历来就是中国古代城市建设的一个重要方面。

下面让我们根据近年来考古发掘的成果，来了解春秋战国时期一些有代表性的城市的建设成就。

第二节
东周王城

>>>

东周王城，在春秋战国之际是周天子的都城。从名义上讲，这是当时规格最高的一座城。其位置就在今天河南省洛阳市涧河以东的王城公园一带。

东周王城的选址和兴建始于西周初年。据《逸周书·度邑篇》记载，周武王在灭商之后不久，就向周公旦表达了他对距离中岳嵩山不远的伊、洛地区的看重。武王做此考虑，显然是出于对当时尚未完全稳定的政治局势的担心。这时候商王朝虽然已经灭亡，但是作为一个曾统治东方长达 600 年之久，疆域辽阔的大国，其残余势力还非常强大；尽管武王也采取了一些防范殷人的措施，如派他自己的兄弟管叔鲜、蔡叔度和霍叔处带兵就近监视仍封在纣王旧地统治殷人的纣子武庚，但由于周人的统治中心远在西方，要彻底控制中原地区，就显得有些鞭长莫及。正是因此，武王才考虑在东方选择一个适合的地点，再建立一个都城。

武王选择地点时进行了细心的考察。他在《逸周书·度邑篇》中说："我图夷兹殷，其唯依天室……自雒（同洛）汭（ruì，河流会合或弯曲处）延于伊汭，居易无固，其有夏之居。我南望过于三涂，我北望过于岳鄙，顾瞻过于有河，宛瞻延于伊雒，无远天室。""天室"，即中岳嵩山，武王选定的建立新都的地点就是"无远天室"的伊、洛地区。

在由朝歌（今河南淇县）班师西归的路上，武王将象征帝王权力的九鼎由朝歌迁到后来成为洛邑的地方，并在这里进行了一番经营。对此，《左传·桓公二年》记载道："武王克商，迁九鼎于雒邑。"然而，当时武王并未在洛邑营建都城。营东都洛邑是周公完成的。所以西晋杜预说："武王克商，乃营雒邑而后去之，又迁九鼎焉。时但营洛邑，未有都城。至周公，乃卒营雒邑，谓之王城，即今河南城也。"

灭商后的第二年，武王在镐京（今陕西西安）病故。武庚联合三监和徐、奄、熊、盈等东夷方国叛周。周公旦调兵东征，经过两年征战，第二次克商。东征结束后，周王朝吸取教训，决定按武王的愿望在伊、洛地区营建东都，以树立起周朝在东方的统治中心。

周公摄政五年，即成王五年，开始营建东都。先是成王派召公去洛邑一带"相土"。不久周公亲自前往占卜来确定城址。《尚书·洛诰》记

周公画像

周公（生卒年不详），姬姓，名旦。西周开国元勋，杰出的政治家、军事家、思想家、教育家，儒学先驱。周文王姬昌第四子，周武王姬发的弟弟。采邑在周，故称周公。

载了周公“卜宅”时的情况：“予唯乙卯朝至于洛师，我卜河朔黎水；我乃卜涧水东、瀍（chán）水西，唯洛食；我又卜瀍水东，亦唯洛食。”之后，便开始修筑城郭，是为洛邑。《左传・昭公三十二年》所载：“昔成王合诸侯，城成周，以为东都，崇文德焉”，指的就是这件事。

这样一来，周王朝便有了东西二都。成王所居的西都镐京为首都，称为宗周；东都洛邑称成周。“宗周”，意思是天下所宗，王都所在；“成周”则是周道始成的意思。

周公营建的东都洛邑，地处黄河中游的伊洛盆地，北有邙（máng）山，南有洛水，地势险要。对此周公在《史记・周本纪》中向成王解释：“此天下之中，四方入贡道里均。”这反映了当时择天下之中建都的思想，也说明营建东都也是带有极浓厚的政治色彩的。

东都除了陈列相传乃大禹所铸、由殷都迁来的九鼎外，还有周王朝的宗庙、宫室等一系列象征周王权力的设施。因此，这座城也被叫作王城。另外，周公将一些商朝的“顽民”迁来东都，安置在城外东郊，即史书所说的“俘殷献民迁于九毕”（《逸周书・作雒》。献民，士大夫；九毕，成周之地）。殷人聚居日久也逐渐形成了城市。上面便是西周时王城建造的过程，不过在整个西周时期，周天子一直是居于镐京的，并以之为政治、军事中心。

西周末年，西北地区少数民族犬戎入侵，杀死了周幽王，周朝的镐京也遭受了重创。诸侯拥立太子宜臼即位，是为周平王。在晋、秦、郑等诸侯的护送下，平王东迁到东都洛邑。这一年是公元前 770 年，从此以后，周朝便一直以洛邑为都，史称东周。

起初，平王东迁后居于王城，即周王朝的宗庙、宫室之所在。此后 250 年间，十几位周天子都是如此。到公元前 520 年，周景王逝世后，由于发生了王子朝争位之乱，周敬王为避乱，遂于敬王元年（前 519）出居狄泉，即原来殷“顽民”居住的地方。敬王十年，以晋为首的十个诸侯国在狄泉一带为周天子筑了一座新城，因是周天子所居，所以又称成周。但这个成周与王城已成为并列的两座城，与西周时成周乃是东都总名的意义有所不同。此后，到了周朝末年，最后一位周天子赧王又徙居王城。公元前 256 年，赧王死后，秦灭周，至此，东周王城作为东周的首都前后共达310年之久，几乎贯穿了春秋战国时期的整个过程。

关于东周王城的规模和形制，甚至具体位置，文献中都缺乏详尽的记述。《逸周书·作雒》记载了西周之初周公所营筑的洛邑王城的规划："立城方千七百二十丈（一说六百二十丈），郛（fú即外城，亦曰郭）方七十里（一说七十二里），南系于雒水，北因于郏山，以为天下之大凑。"就是说，这是一座有城和郭的大城。至于其城"方千七（六）百二十丈"，清人焦循认为，如果按每五步为三丈，每一百八十丈为一里推算，恰为九里（即一千六百二十丈），与《考工记》所说的天子之城"方九里"正相吻合。

书中还记载了西周王城内外主要礼制建筑和宫寝的配置："乃设丘兆（丘兆，即圜丘兆域）于南郊，以祀上帝，配以后稷，日月星辰、先王皆与食。封人（官名，掌君王社坛和守护京畿疆界）社壝（壝，wěi社坛四周的短墙；社壝，即'左祖右社'中的社），诸侯受命于周，乃建大社于国中。其壝，东青土，南赤土，西白土，北骊（黑色）土，中央衅（空地）以黄土。将建诸侯，凿取其方一面之土，焘（覆盖）以黄土，苴（jū，衬垫、包裹）以白茅，以为社之封，故曰受列土于周室。

"乃位五宫：大庙（即始祖庙，祀周始祖后稷）、宗宫（即祖考庙，祀周文王）、考宫（即考庙，祀周武王）、路寝（即正寝）、明堂。咸有四阿（四阿，即四注）、反坫（diàn，反坫即反宇）、重亢（即累栋）、重郎（即重屋）、常累（指张挂在宫室屋檐下的绳网）、复格（即斗拱）、藻棁（zhuō，藻棁，指施彩绘的瓜柱）、设移（指与殿阁相连的侧室）、旅楹（指宫殿前排列的楹柱）、春常（指施彩绘的藻井）、画旅（指画有斧纹的君王专用屏风）、内阶（即纳陛）、玄阶（指以黑石砌成的台阶）、隄唐（指堂下阶前的人行道）、山廧（指画有山云的墙）、应门、库台（即库门）、玄阃（kǔn，玄阃指黑色的门槛）。"

由于《逸周书》中有些篇章作于周初，所以其成书时间可能早至周初，因此《作雒》中的王城之制也有可能是真实的情况。不过即便如此，这只是说明了西周初期王城的情况，而东周王城是否真的如此就不得而知了。

和《逸周书·作雒》相似，《考工记·匠人》一篇也反映的是西周

之初王城的建置情况："匠人营国，方九里，旁三门。国中九经九纬，经涂九轨。左祖右社，面朝后市。市朝一夫。"这段话的意思是，匠人营建王城，规制是九里见方，每面开辟三座城门。城内纵横各有九条道路，南北向的道路宽九条车轨，东面为祖庙，西面为社稷坛，前面是朝廷，后面是市场。市和朝各占一夫之地，约100步见方。

《考工记》一般被认为是成书于春秋末、战国初的齐国官书，专门记录百工技术。它虽然反映的是西周初期的王城制度，而且其中不免夹杂有若干理想化的成分，但是由于成书时正当东周王城的存在，所以仍有可能是对东周王城的真实反映。

由于2 000多年来自然和人为的破坏，东周王城现早已湮没地下；加之文献资料的匮乏，使我们要了解这座昔日的帝王之都变得非常困难。所幸近年来的考古发掘已经初步揭开了东周王城的面纱，将它的真实面貌开始逐步展现出来。

东周曾侯乙青铜编钟

曾侯乙编钟为东周时期周王族诸侯国中姬姓曾国的一套大型礼乐重器，体现了周王朝治国基础的礼乐制度。

根据《国语·周语下》中“灵王二十二年，榖、洛斗，将毁王宫”的记载，考虑到榖水曾与涧水相合，而王室必在城内，所以考古工作者便在涧水入洛处寻找东周王城，结果发现了汉代的河南县城。

这是一个很重要的线索，因为历史文献中有多处都暗示，汉代的河南县城与东周王城之间有密切的关系。比如在《汉书·地理志》“河南郡、河南县”条中，班固曾自注：“河南，故郏鄏地，周武王迁九鼎，周公致太平，营以为都，是为王城，至平王居之。”《续汉书·郡国志》河南尹条则明确说：“河南，周公时所城雒邑也，春秋时谓之王城。”因此，汉河南县城的发现，为寻找东周王城提供了一个有力的参照。考古工作者经过努力，终于在汉河南县城的外围发现了一座东周古城，并确定这就是东周王城。

东周王城南临洛水，西跨涧水，东有瀍水，北有邙山，平面呈不规则的方形，方位接近正南正北。王城南北长约 3 700 米，东西宽 2 890 米。按学术界一般认为的周尺长 20 厘米左右计算，可以大致推算出王城南北约合周里九里，东西约合八里，与《逸周书》和《考工记》所载基本符合。

王城的四面都有城墙，城墙系夯土筑成，质地坚硬，现在都已掩埋于地下。其中北墙保存得尚比较完整，全长 2 890 米。北墙外还发现有一条深约 5 米的干枯渠道，很可能是原城墙的护城壕；东墙和南墙各残存约 1 000 米；西墙尚存南北两段，北段在涧河以东，南段在涧河以西，相距大约 3 200 米。全城除东南角外，其余三个城墙转角都保留下来，因此，整个城圈范围也大体上可以确定。

城墙的夯筑年代不一。早期城墙宽度大约为 5 米，据发掘者推断，修筑年代不会晚于春秋中叶；后期修补增筑的城墙较宽，一般宽度 10 ～ 15 米。修筑年代从战国时代直至秦汉，到了西汉以后，城墙就逐渐荒废了。

城内的布局目前还不太清楚，主干道及城门都有待于继续探查。但是遗址分布的一些情况值得注意。在王城的西南部，今瞿家屯一带的涧河入洛处，地势较高，发现有大面积的夯土建筑基址。其中一组四周有一道夯土围墙环绕，围墙平面为长方形，东西约 344 米，南北约 182

西周板瓦

在古代，板瓦有两种用途，第一种是仰面放的仰瓦，用来排水；第二种是覆瓦，等于是盖好在接缝处不让雨水漏进来，也就慢慢演变成了今天的板瓦和筒瓦。

米，方位接近正南正北。围墙北西两面，有河道环绕，正门在南面。围墙内最大的两片夯土建筑基础位于中部偏北，均为长方形，南北并列，相距 6 米。一片东西长 80 米，南北宽 40 米；另一片东西长 80 米，南北宽 30 米，当为主体建筑。在这一组建筑的旁边，还有其他夯土建筑基址，似是其附属建筑。在这些建筑基址的范围内，出土有大量的板瓦、筒瓦和饕餮纹、卷云纹瓦当，表明这些建筑应是很重要的建筑。再联系到《国语·周语下》里“榖，洛斗，将毁王宫”的记载，我们不难判断，邻近两河交汇处的王城西南隅，很有可能就是王城的宫殿所在地。

在城北的西北部，曾发现有一处规模很大的窑场，出土了很多制陶工具和陶器；在窑场的南面，发现有很多经过加工的骨料，应是骨料场。此外，还有铸铜和制玉、石的作坊遗址。这些表明王城的西北部应是手工业作坊区。

王城东北部的今中州路一带，有很多东周时代的墓葬、车马坑。其中，有些墓葬还是带墓道的大墓，这说明城址东北部可能分布着当时的墓葬区。

在王城的南部，宫殿区以东、靠近洛河处，还发现有战国时期的粮仓遗址。在南北长约 400 米，东西宽约 300 米的范围内，共发现了 74

座地下粮窖，密集地成行排列，规模很大。而且，估计周围还有相当数量的粮窖尚未被发现。这些粮窖都是圆窖，口大底小，一般口径在10米左右，深10米左右。窖底都经过了防潮、防水处理。由于这一带地势较高，土质坚实，雨水易于排泄，所以适于作粮仓；同时由于临近洛河，所以也便于漕运，考虑到这里紧靠宫殿区，估计应是服务于周王室的粮仓。

此外，城内还发现了稀落的小规模居住区，居民很可能是农民。在王城的北城墙外侧，曾发现与城墙走向一致的陶制水管，城内也有类似的水管，当是王城的排水设施。

以上我们了解了东周王城的历史沿革和考古发掘的现状。到了这里，关于东周王城的话题似乎该结束了。然而，历史还是留下了一个不大不小的问题，颇耐人寻味，那就是这座城与西周时的王城究竟是不是同一座城？因为在这座城的城内和城外，都极少有西周时期的历史遗存。换言之，这座城只属于东周时期。这是个非常严肃的问题。尽管文献上从未记载王城有过任何变迁的历史，尽管目前所知的东周王城在地理位置方面也非常符合文献上关于西周王城的记载，但是考古发现的事实也不容我们否认。看起来，这个问题只好等待今后进一步的考古发掘和研究去解决了。

第三节 齐都临淄

>>>

齐国是武王灭商后周朝在东方分封的一个主要的诸侯国。当时姜尚因有功于周，被封于齐，都营丘。齐六世胡公时曾一度徙居薄姑（山东博兴县境内）。到了七世献公时，又由薄姑迁回营丘，因其临近淄水而改名临淄。自此开始，直到公元前221年秦灭齐，临淄作为齐国首都长达600多年。

齐国在姜太公时就迅速发展起来，成为一个经济大国。对此《史记·齐太公世家》记载道："太公至国，修政，因其俗，简其礼，通商工之业，便鱼盐之利，而人民多归齐，齐为大国。"此后，进入春秋时期，齐桓公任用管仲（？—前645）为相，实行变革，使齐国富强，一举成为春秋时期的第一个霸主。这时的临淄作为齐之首都，经济发达，城市繁荣，已有"冠带衣履天下"之称。

进入战国时期以后，随着齐国成为战国七雄之一，临淄商业发达，人口众多，成了当时中国最繁华的城市。据《战国策·齐策》记载，当时苏秦曾这样描述临淄："临淄之中七万户……下户三男子，三七二十一万，不待发于远县，而临淄之卒固已二十一万矣。临淄甚富而贵，其民无不吹竽鼓瑟，击筑弹琴，斗鸡走犬，六博蹹踘者。临淄之途，车毂击，人肩摩，连衽成帏，举袂成幕，挥汗成雨，家敦而富，志高而扬。"虽然这是说客口中的话，不免有夸张之嫌，但临淄当时一派繁华昌盛的商业城市景象，却是不可否认的。

战国晚期的公元前284年，以燕为首的五国联军打败齐军，占领了齐国70余城，临淄也被占领，宫室、宗庙遭到破坏。公元前221年，齐毫无抵抗地为秦所灭，临淄也随即成了秦国的一个郡治，失去了国都的地位。汉代以后，临淄逐步衰落下来。到了元代，由于另筑新城，临淄老城更沦为废墟。

20世纪以来，随着考古勘察工作的不断展开，临淄古城渐为世人所重视和研究。这座昔日繁华都市的面貌也越来越清晰地向人们展现开来。

临淄故城的位置，在今天山东省淄博市临淄区辛店镇北约7千米的齐都镇。它的南面有牛山、稷山、天齐渊及丘陵地带；东面和北面是辽阔的平原，适于耕作；再远处便是大海，距城仅百余里，得海盐之利，自然条件非常优越。

临淄故城建造在淄河西岸的河床上，由大小两城组成。大城大致呈斜长方形，南北近4.5千米，东西3.5千米多，周围14千米；小城嵌筑在大城的西南隅，略呈长方形，南北2千米多，东西近1.5千米，周围

护城壕

7 千米。两城合计周长 21 433 米，总面积超过 15 平方千米。

大小两城都有夯土城墙。残存的墙垣有的高达 5 米，虽然有的地方已无遗迹，但大部分墙基夯土仍在。因此，整个城圈基本能够复原。其中，大城的东墙沿淄河南下，全长 5 209 米，随河岸蜿蜒曲折，极不规则。大城的北墙和小城的西墙也因河岸和地形的关系，有多处转折，其他的城墙则基本保持平直。

临淄城墙外的防护非常严密。城外东西两侧分别是淄河和系水，成为天然护城河，城墙紧贴河岸而筑。在没有天然河流的城墙外，则挖有护城壕。如大城北墙外的护城壕，从东、西两边分别接通淄河和系水；南墙外的护城壕则与小城东墙的护城壕及淄河相接。至于小城，除了西北角以系水源头作为天然防护外，其余几面都有护城壕。甚至小城嵌入大城的东墙和北墙也都有护城壕。这些城壕距离城墙很近，宽度一般 20 多米，中间深 3 米以上，与淄河、系水相互沟通，从四面围绕城墙，形成一个完整的防护体系。

临淄的城门据记载共有13座，有雍门、申门、杨（阳）门、稷门、鹿门、章华门、东闾门、广门等。从记载中只知道雍门为西门，申门为西南门，章华门为北门，广门为大城东门。通过考古发掘，现已探明临淄的11座城门，其中小城5座，东、西、北各一，南面两座；大城城门6座，东西各一，南北各二。这些城门多保留有门道遗迹。门道的宽度一般在十几米，最宽的在20米左右。门道两侧的城墙多向里或外凸出，说明当时门道两边城墙处可能有附属建筑存在。

临淄的大城内主要是平民生活区和手工业作坊区。目前在大城内没有发现大型建筑的遗迹。大城内有很多冶铁、冶铜、铸钱、制骨的手工业作坊遗迹，分布于城内各处。其中冶铁遗迹最多，在大城中部偏西和南部的两处冶铁遗址，面积各有40万平方米。

此外，在大城的东北部和南部还有墓葬的分布。南部的墓葬以中型墓为主。东北部的墓葬主要是齐国贵族。20世纪60年代这里曾发现大中型墓30余座，有的大墓还带有南北墓道。其中，河崖头村西的一座中字形的大墓发现有大型的殉马坑。殉马坑从四面围绕着墓葬，其东、西、北三面相连成一体，北面长54米，东西各长70余米，南面长20米，规模巨大。坑内已清理出殉马竟有228匹之多，令人惊叹不已。

小城内主要是齐国的宫殿区，位置在城内北部，以桓公台和金銮殿为中心。当年高大台榭的台基遗址迄今尚存。桓公台俗称点将台，位于

桓公台俗称点将台，位于今临淄区齐都镇西关村北。明清时期，“荒台故址吊桓公”是著名的临淄八大景之一。

齐都古城桓公台遗址

小城内的北偏西处，距离小城西墙 300 米，是一座体量巨大的长方形夯土台基，南北长 86 米，东西宽 70 米，台高 14 米。虽然台面原形已失，但仍大体可辨出三层的痕迹。桓公台的东、西、北三面都很陡峭，南坡缓和，似乎是原来登临的通道所在。

在台的东、北两面的 150 米外，还有河沟围绕，并通向小城的西墙外。此河沟宽度约 20 米，深 3 米左右，看来不仅仅是作为排水系统，而且还具有防卫宫殿的作用。在桓公台的周围，还有许多夯土建筑基址，当是围绕着主体建筑桓公台的附属建筑群。在此还出土了带花纹的铺地方砖、树木双兽纹、树木卷云纹的全瓦当、半瓦当。

金銮殿是位于小城东北部的另一处大型台基遗址，30～40 米见方，曾是当年宫殿所在。

临淄城内的主要道路，现在已经发现并探明了 10 条，其中大城 7 条，小城 3 条。这些道路纵横相交，绝大多数都与城门相通。在大城内已发现的道路中，有南北干道和东西干道数条。其中位于大城东部的南北大道，从南墙东门直通大城的东北角，与位于大城北部的东门内东西干道相通，全长 3 300 米，宽 20 米；大城中部的南北大道，连接大城南墙西门和北墙东门，全长近 4 400 米，路宽 20 米；大城北部的东西干道，自东门直至西墙，全长 3 600 米，路宽 15 米左右；大城中部的东西干道长 2 500 米，宽 17 米左右。从这些道路分布来看，初步可以认为，大城内的道路体系有可能是按照《考工记》中“国中九经九纬，经涂九轨”的规定来布局的。

临淄城内有非常完善的排水设施。现在大小城内已发现有三大排水系统和四个排水道口。小城的排水系统位于小城内的西北部，起点在桓公台的东南方向，经桓公台的东部和北部流向小城西墙下的排水口，注入系水，全长 700 米。这条河沟宽度为 20 米，深 3 米左右，现在地面上仍有明显的遗迹。大城内西部的排水系统起自小城东北角，与城壕相通，向北直通大城北墙西部的排水口，注入北墙外的城壕，全长 2 800 米，宽 30 米左右，深 3 米以上。在这一河沟的北部又分出一条支流，流向西北方，通过大城西北角的排水口流入系水，这一段长约 1 000 米，宽 20 米左右。由于大城的西部是大城内最低洼的地方，因此

在这一区域设置两个排水口，有利于迅速排走雨水，这样做还是比较合理的。此外，在大城的东北部，还有一段长约 800 米的排水河沟，通过大城东北角的排水道口，向东流入淄水。

这些排水系统都是明沟，它们和淄水、系水，以及人工挖掘的护城壕相通，构成一个完整的排水网络。由此可见，临淄城排水系统的设计和布局是经过了统一考虑的。尤其令人惊叹的是排水道口设计的巧妙。已发现的排水道口被压在城墙下面，用青石块垒筑而成。进、出水口用石块砌成上、中、下三层的方格式水孔，在出水口内，石块如犬牙般交错排列，使水可以从孔内流出，而人却不能通过水孔爬入城内。这样一来，在战争状态下敌人就不能从这里进行偷袭。

总的来说，齐都临淄是一座规划和建设非常成功的城市。它所反映出的科学性与合理性，说明我国古代城市建设很早就已经达到了相当高的水平。

第四节
鲁都曲阜

>>>

鲁国是周武王在灭商以后封给其弟周公旦的诸侯国。不过当时周公并未就封，而是留在镐京辅佐武王。之后到成王时，才使其子伯禽代他就封于鲁。据《史记》记载，鲁国的都城自周公旦受封时便在曲阜，从那时起，一直到公元前 256 年楚考烈王灭掉鲁国，曲阜一直是鲁国的都城，前后长达 800 多年。位置也基本上没有发生过什么变动。因此，单从修筑年代来看，鲁都曲阜在东周列国的都城中可谓最早的。

鲁都曲阜故城的位置在今山东省曲阜市，其东南方是丘陵，西北、西南方是辽阔的平原，地势东高西低。城址处于洙河与沂河之间，洙河从故城的西北两面绕过，沂河流经城南。明代修筑的曲阜市治就位于城址的西南角。在今曲阜市城外东北部有一条带状的隆起地带，便是东汉人应劭所说的“曲阜在鲁城中，委曲长七八里”。1977—1978 年，山东省博物馆等文物考古部门对鲁城进行了较为全面的勘察和发掘，使我们得以了解这座古城的原来面貌。

鲁城的平面大致为扁方形，四角呈圆角。其东西最长处 3.7 千米，南北最长处 2.7 千米，总面积大约 10 平方千米。

鲁城的四面都有城墙。不少地段的城墙仍然残存于地面上，其中东南角一带城墙残高在 10 米上下，是全城保存最好的部分。就整个鲁城来看，虽然有些地段的城墙已踪迹全无，有些地段的墙基湮灭地下，但大体上城圈仍然能够复原。四面城墙当中，只有南墙较直，其余东、西、北三面均呈弧形，向外凸出。据考古勘测，鲁城东墙长 2 531 米，南墙长 3 250 米，西墙长 2 430 米，北墙长 3 560 米，周长为 11 771 米。城墙的墙基除西墙略窄，为 30 ～ 33 米，其余几面城墙的宽度都在 40 米左右。从城墙的断面看，夯筑的迹象非常明显，在城墙顶部的有些地段还堆积有战国至秦汉时期的筒、板瓦碎片，说明城墙上面曾经建造过敌楼一类的建筑。

城墙的外围有护城壕围绕，迄今南、西、北三面以及东城南部的河道仍存，河道的宽度大约为 30 米。其中，西、北两面系利用洙水作为护城河，而东墙外的护城河也在北面与洙水相接。

鲁城的城门共有 11 座，在东、西、北三面各有 3 座，南面两座，都与城内的交通干道相通。城门的门道宽 7 ～ 15 米不等。从鲁城城门的数量和分布来看，如此结果绝非偶然，这显然是在《考工记》中“旁三门”制度的影响下形成的。

城内的道路共发现了 10 条，东西向和南北向各有 5 条，纵横交织，大多与城门或主要建筑遗址相通。其中，东西向的 3 条大道横贯鲁城的东西，将西墙的 3 座城门与东墙的北、中二门及北墙东门直接连接起来。南北向的道路也有类似趋向。这些道路的宽度一般在 10 米上下，最宽的约 15 米。从鲁城道路的数量和走向来分析，我们可以发现鲁城路网的特点，大致上是由 3 条东西干道与 3 条南北干道构成全城的主干道。如此看来，鲁城道路的规划布局基本上也是符合《考工记》中“国

护城河

△ 护城河是环绕整座城、皇宫、寺院等主要建筑的河，多为人工挖掘，可防止敌人或动物入侵。

中九经九纬”的规定的。

鲁城内的中部和中南部，发现有许多大型的夯土建筑基址。除此之外，鲁城中其他地区发现的大型夯筑基址还不多。这些夯土建筑基址分布得较为密集，范围东西约 1 千米，南北约 2 千米。其中在周公庙高地一带，曾钻探出密集的大型建筑基址群 9 处，范围东西约 550 米，南北约 500 米，其高出周围地面约 10 米。而且，基址的东、西、北三面残存有夯土墙基。显然，周公庙高地一带应当是鲁城中宫城的所在地。

值得注意的是，在鲁城南墙东门正南 1 735 米处，还发现有一座夯土台，据传为鲁行雩礼之处的舞雩台的遗迹。由舞雩台与南墙东门向北，恰是周公庙建筑群基址，此三者形成一条南北向的中轴线。而在南墙东门南面的两侧，又各有较大的夯土台基建筑，使得南墙东门的形制与其他各门不同。结合《左传·定公二年》中关于鲁国“夏五月壬辰，雉门及两观灾”以及“冬十月，新作雉门及两观”等记载，我们可以知道，鲁国的雉门、两观很可能是并列建在一起的。那么南垣东门的形制很可能就是“雉门及两观”。如此说来，至少在鲁城宫城的前面，是存在着一条明显的中轴线的。这也说明了鲁城宫殿的布局还是有一定特点的。

鲁城中在西北角、东北角、西部、东部、北部等地都有居住遗迹的分布。城内有铸铜、冶铁、制陶、制骨等手工业作坊遗址。在城北部、西部，还有较大面积的西周至春秋时期的基地。

应当说鲁城的布局在东周各国的都城中，还是比较遵循礼制的。《考工记》上所说的“方九里，旁三门”“九经九纬，经涂九轨”等制度，从考古勘测的情况来看，在鲁城中基本上都有体现。至于宫城的位置，基本上处于郭的中央；其余的建筑物如居民区、市井、手工业作坊等，都围绕着宫城布局；在文献记载中，也屡有关于鲁城库门、雉门、路门等的文字。这些都说明，“左祖右社，面朝后市”也极有可能是鲁城中曾经存在过的制度。

由此可见，鲁城的规划布局，基本上是严格地按照周礼的规定执行的，鲁城中保留着较多的西周城市的特征。这当然主要与鲁国的政治背景有关。由于鲁国的开国之君伯禽是周公旦之子，作为一个和周王室关系非常密切的诸侯国，鲁国应当在东方起到尊奉周朝礼制的表率作用，所以在各个方面，包括体现着礼制重要内容的城市、宫殿建设遵循周礼的规定也就成了自然而然的事情。

第五节 楚都郢

>>>

楚国是殷商时的古国。西周初期，其首领熊绎被周成王封以子爵，统领楚蛮之地，居于丹阳。公元前 689 年，楚文王熊赀放弃了丹阳，迁都到郢。因郢都位于江陵的纪山以南，所以后人也称之为纪南城。迁都

战国金郢爰

以后的楚国日益强盛，并一度成为春秋霸主，令中原诸侯俯首。郢都也随之繁荣昌盛，成为当时中国南方著名的大都会。东汉人桓谭曾说楚郢都“车毂击，民肩摩，市路相排突，号为朝衣鲜而暮衣弊”。可见郢都之繁华早有口碑流传。楚顷襄王二十一年（前 278），秦将白起攻陷郢都，顷襄王向东逃往陈（今河南淮阳）。从文王迁都起直至此时，其间除了楚昭王曾迁都于鄀达十余年外，楚国以郢为都城前后共达 400 年之久。

郢都的地理位置在长江中游，临水而建，得水陆交通之便利。沿水路向西可通巴蜀，向东可抵吴越，沿陆地向北可问鼎中原。郢都周围西有荆山，东临云梦之泽，南临大江，形势险要。20 世纪 70 年代以来，文物考古部门通过全面的调查勘探，基本上搞清了郢都故城即纪南城的轮廓。

纪南城位于今湖北省江陵县北 5 千米处，平面呈长方形，东西约 4.5 千米，南北约 3.5 千米，总面积约 16 平方千米，周长 15 506 米。

纪南城的四面都有城墙。城墙基本上保持平直，只是在南墙偏东的位置，有一处明显人为的向外凸出的部分，呈长方形，向外凸出约 200 米，宽度约 520 米。四个城角当中，西北、东北、西南角均呈切角状，很有可能是结合地形的某种处理。夯土筑成的城墙经过近 2 500 年的风雨，迄今大部分仍保持得较好，一般仍高出地面 4 ～ 5 米，北墙更高出地面 7 米多。城墙上部现存的宽度在 10 ～ 14 米不等。

城外有护城壕围绕。现在绕城一周的低洼地带即为当年城壕的遗迹。河道距离城墙外坡一般在 20 ～ 40 米之间，宽度一般在 40 ～ 80 米。

现存的城墙上有多处缺口，其中有 7 处可以确定是当年城门的遗址。7 座门的分布是：北、西、南三面城墙各两座，东面一座。这 7 座门当中，又有水门两座，即南墙西门和北墙西门。此外，东墙偏北处龙桥河出城的缺口处，有古河道的存在，结合屈原《哀郢》诗中“孰两东门之可芜”之句，可知当年郢都有两座东门，此处也应有水门一座。因此，纪南城至少有 8 座城门。

西墙北门经过发掘研究，现在形制已经很清楚。该城门有两个门垛，形成三个门道，并有城门的附属建筑。门垛系夯筑而成，宽 3.6 米，长 10.1 米，与两边城墙的宽度相同为 10 米。三个门道中，中间的门道宽 7.8 米，当是车行道；两边的门道各宽 3.8 ～ 4 米，当是人行道。这个城门的发掘表明，一门三道这种城门形制，虽然未必是春秋战国时各国城门所普遍采用的，但至少在楚国的郢都已是如此了。

水门与陆地城门相似，也有三个门道。如南墙西边的水门，由四排木柱构成三个门道，每排木柱有 10 根，共计 40 根木柱。门道宽 3.5 ～ 3.7 米，可使船只通过。这可以说是世界上迄今为止所发现的最早的水上木构城门。

纪南城内的东南部，乃是当年楚国的宫殿区。这里密集地分布着 61 座夯土台基。这些台基排列得比较有规律，不仅数量较多，而且规模非常可观。其中最大的一个台基长宽都在 120 米之上。对其中一处长 80 米、宽 54 米的大型台基的发掘表明，这确是战国时代的宫殿基址。台基上宫殿墙基长 63 米，宽 14 米，面积近 900 平方米。在宫殿基址的周围，则有成排的柱洞、磉墩以及散水、排水陶管等建筑构件的遗迹。

值得注意的是，在东南部台基建筑群的北面和东面，还各发现有夯土墙的遗迹。其中，东边的夯土墙长 750 米，北面长 690 米，两墙相交成曲尺型。这些夯土墙的墙基宽 9 米，墙外还有古河道的存在。显然这是当年的宫城城墙的遗迹。

除了在城内东南部的宫殿区有大量夯土台基外，城内东北部也有

15 座夯土台基分布着，规模也相当可观，看来也是一组相当重要的建筑群。

城内的东北部还分布有较为密集的古井群及陶窑遗址，看来应是城内制陶、制瓦的手工业作坊区。城内西南部有铸炉炼渣的遗迹，当是城内另一处手工业作坊区。

纪南城的道路，由于城内地势平坦、多为水田，地下水位较高的原因，现在尚未搞清楚。关于城内的水系，在勘查中发现有四条古河道，纵横交织、相互连通，形状呈“T”形，将全城分为四大部分。其中除了城内东南角凤凰山西坡的古河道，现已淤塞为农田外，其余古河道的绝大部分都被现今河道所压。这些河道构成了全城排水系统的骨架，而且凤凰山西坡的古河道很可能起着保护宫城的护城壕的作用。如此看来，这种城内河道密布的格局，可能也反映出当年水乡都市在布局上的特色。

第六节
燕下都

>>>

燕国是西周初年周朝分封的诸侯国。武王灭商后，封召公奭于燕。召公和周公一样，当时继续留在镐京辅佐周天子，而由其子代替前往就封。燕国的都城起初位于蓟（今北京）。大约在春秋时，燕桓侯曾迁都于临易（今河北雄县）。此后，燕又迁都于蓟，直至燕王喜二十九年（前 226）秦军攻陷蓟城，燕王逃往辽东，蓟一直是燕国首都。不过令人遗憾的是，蓟城的位置迄今仍没有确定。

燕下都武阳大约始建于燕昭王时代（前 311—前 277），差不多是战国晚期，也有人认为建于战国中期伊始。但不管怎样，燕国当时一直是

燕王青铜戈

以蓟为都城。设置下都的目的，主要是为了将燕国的政治和军事重心南移，以适应战国中晚期形势发展的需要。而所谓下都，就是相对于蓟城，即上都而言的。

燕下都的位置在今河北省易县东南 2.5 千米处，处于北易水和中易水之间，其北、西、西南三面山峦环抱，东南方是平原。从战国中晚期的政治、军事形势来看，下都武阳乃是燕国西南方的门户重镇，无论攻与守，它都起着平衡中心的重要作用。

中华人民共和国成立前曾有人对燕下都遗址进行过调查发掘，20 世纪 50 年代至 60 年代初，文物考古工作者对燕下都先后进行了几次考古发掘。

燕下都的平面大致呈磬形，其东西长 8 千米，南北宽约 4 千米，总面积在 30 平方千米以上，规模在已发现的东周都城遗址中是最大的。城的中部，有一条纵贯南北的古河道运粮河，沿河的东侧有一条城垣。因此，实际上燕下都是由东西两个面积大小相近的方形小城组成，我们姑且称之为东城、西城。

西城的平面大致为倒置的梯形，东西约 3 500 米，南北约 3 700 米。西城只有西、北、南三面城墙，东面是运粮河及东城的西墙。城墙至今仍有多处保留于地面，城圈轮廓清晰可辨。其中，南墙的一段高出地面有 6.8 米。西城的城门只在西墙中部发现有一处。城内没有大型建筑的遗存，只发现有两处普通的建筑遗址及一些墓葬。从修建年代看，西城似乎晚于东城。以上种种迹象表明，西城是作为东城的附属修建的，当时西城可能驻扎着军队，而修建它的目的，很可能是用以加强下都的防御力量。

东城是燕下都的主体。宫殿区、手工业作坊区、居民区、墓葬区等都集中于东城。它自成一个完整的体系。

东城的平面接近正方形，东西约 4 500 米，南北约 4 000 米。城墙保留在地面上的部分不多，仅剩部分残迹，但大部分城墙的地下墙基仍存，因此，整个城圈基本可以复原。经过勘测可知，北墙长 4 594 米，东墙长 3 980 米，西墙长 4 630 米，南墙残长 2 210 米。东城的城墙外有护城壕环绕，防范非常严密：其南、北分别有中易水、北易水，成为天然屏障；东墙外有护城壕，宽 20 米；西墙外有称为运粮河的古河道，沟通北易水和中易水。河道的北段宽 40 米，至南段宽度增至 90 米。东城的城门目前只在北墙和东墙各发现一座，与战国城市通常每面设 2 ～ 3 门不同，可能与下都作为一处军事重镇的作用有关。

在东城内偏北部，大约是全城四分之一的位置，有一横亘东西的隔墙，长 4 460 米，宽约 20 米，将东城又分成南北两个部分。隔墙上也有一座城门。在隔墙与东城之西墙相交处，由运粮河分出一条支流，沿隔墙南侧向东，东流不远后又分成南北两支，北面的一支径向北流，至北墙后折而向东，最后注入城北部略偏东的一个内湖；南面的一支继续沿隔墙东流，至城中部拐向南，然后再向东分流，横贯整个东城，最后注入东城外的护城壕。这条河道不仅构成了城内的供、排水体系，又可以方便交通运输，也是城内不同功能分区之间的屏障。

下都的宫殿区就位于东城北部，主要包括隔墙两侧南北河道之间的区域，并向北越过北城墙，一直延伸到北易水的南岸，范围非常广阔。

宫殿区的主体是临隔墙南侧而建的武阳台。其基址是燕下都所有夯土台基遗址中，体量最大的，位置也是最靠南端的。武阳台东西最长 140 米，南北最宽处 110 米，高出地面大约 11 米，分上下两层，形状虽已不甚规整，但大体上仍呈方形。

从武阳台向北，依次有望景台、张公台。位于最北端的是北墙外的老姥台，体量也非常巨大，南北长约 110 米，东西宽约 90 米，高度约

12 米。这些巨大的夯土台基一线展开，形成一条南北中轴线，长度达 1 400 米，很有气势。在武阳台周围，还有若干附属的建筑组群，从而形成以高台建筑为主体的宏大的宫殿区。

在城内宫殿区外围的西南两面，从东城的西北部开始，沿河道两侧，一直到东城的东南方，在一个呈弧形的大范围内，广泛地分布着铸铁、制造兵器、铸钱、制陶、骨器等手工业作坊区。这些手工业作坊布置在河道附近，非常有利于解决生活用水及解决运输问题。而位置又很临近宫殿区，且遗址面积、规模都非常大，说明这些很可能是官办的手工业作坊。除此之外，在东城的南部等地，还有少量的作坊遗迹，可能是私营性质的。

燕下都的居住区主要分布于东城的南部，即城内横贯东西河道以南的地区。考古勘探中，在城址的西南部发现较多的居住遗址。从在遗址中发掘出一些西周遗物的情况来看，这一地带可能从西周起，就已经有居民定居了。另外，在城的东南隅及中部的居住遗址中，发现有不少绳纹板瓦和筒瓦。这些都不是一般居民所能使用的。因此这些地方可能居住着官员或贵族。

在燕下都东城的西北角，分布着两处战国陵墓区，即虚粮冢和九女台墓区，分别位于隔墙的北面和南面。虚粮冢墓区较大，有 13 座古墓，前后排列，分成 4 排，整齐有序，陵墓的地面上都有高大的封土。其中最大的封土 55 米见方，高 11 米多。九女台墓区有 10 座墓，也是夯土筑成，有封土，排列有序。这些古墓经过钻探，发现构造比较复杂，非常坚实。从这些陵墓的规模、位置、布局及建造情况来看，显然是当年燕国王室、贵族的陵墓。

整个燕下都的建造，应该说最大的特点就是设防极其严密。除了城墙、城壕这些常规的设防手段外，燕下都只设置了很少的几座城门，以利于防守。在城市外围的西侧设置屯军的附郭；修筑城墙时，还有一些关键墙段加设突出墙外的夯土台作为重点防守和屯居士兵之处等，都说明了这一点。这与燕下都建造时已是战国中晚期，战争形势比较紧张，而且燕下都又是燕国南部一座重要的军事堡垒等因素是分不开的。另外从规模上看，燕下都的城址范围大大超过了建造较早的其他战国都城。

而且燕下都宫殿不仅规模庞大，秩序也非常严整，这些都从侧面反映出燕国在战国中、晚期经济和社会发展迅速的状况，代表着燕下都城市建设的成就。

第七节
郑韩都城新郑

>>>

新郑原是郑国在春秋初期所建的都城，当时为表示有别于郑国旧都，故名新郑。郑国以新郑为都长达 390 多年。公元前 375 年，韩哀侯灭郑。此后，韩由阳翟（今河南禹州）迁都于此地，直到公元前 230 年秦灭韩国，韩以新郑为都又经过了 140 多年。由于郑、韩两国先后都以新郑为都，所以一般也将新郑故城称作郑韩故城。

郑韩故城位于今河南省新郑市境内，修筑于双洎河与黄水河交汇处的三角地带，明代的新郑县城就在其城圈范围内。由于河道的原因，所以城址随地形呈现出极不规则的形状。其东西最长 5 000 米，南北宽

郑韩故城

郑韩故城，位于河南省新郑市市区周围，双洎河（古洧水）与黄水河（古溱水）交汇处，是东周时期的列国都城之一。

4 500 米，面积大约 14 平方千米，周长约 19 千米。

城周残垣犹存，残高 15 ～ 18 米，底宽 40 ～ 60 米。根据考古工作者 60 年代对郑韩故城所做的发掘调查可知，这座古城的城墙是先后经过春秋与战国两个时代修筑的。这也比较符合历史上郑韩两国先后在此建都的实际情况。在城的中部，有一道纵贯南北的隔墙，将全城分成东西两个部分。这样郑韩故城与燕下都一样，也是由东西两城组成。不过事实表明，其东西两城在性质上更加接近临淄的大城和小城。

西城，也可称为内城，相对较小，基本上呈现为长方形，南北最长约 2.8 千米，东西宽约 2.4 千米。北墙保存较好，长约 2 400 米；东墙即纵贯南北的隔墙，墙基长 4.3 千米，大部犹存；西南两面城墙毁坏严重。在北墙中部及东墙偏北处，城墙上有缺口和古时路基，这里原来可能是城门。

西城内主要是宫殿区。在城内的中部偏北处相当大的范围内，比较密集地分布着多处夯土建筑基址。其中，面积最大的有六七千平方米。在西部的中部，即上述基址的南面，还发现有一座小城，平面呈长方形，东西长 500 米左右，南北宽 320 米，城墙的墙基宽 10 ～ 13 米，保留在地下 0.3 ～ 1 米。这应当就是宫城的遗迹。钻探中还发现，宫城北墙和西墙中部，各有一座城门。在宫城北部居中的地方，是一处大型的夯土建筑基址，南北长约 133 米，东西宽约 96 米。可见这里原是一处大型的宫殿建筑，其位置和规模表明应当属于正殿性质。

在宫城外面的西城西北隅，有一座高出地面约 7 米的夯土台基，当地群众称之为“梳妆台”。这是郑韩故城内唯一保留下来的高台建筑遗址。台基的底部南北长 135 米，东西宽约 80 米，规模很大。台上发现有陶水井和埋入地下的陶排水管道。在台基的周围，现今地面以下，还发现有夯土围墙的遗迹。

台东面不远处的宫殿区西北部，曾经发掘出一处专门储存食品的地下建筑。这是一个口大底小的长方形竖井，口部南北长 8.9 米，东西宽 2.9 米。口部周围地面上，发现有一些零散的柱洞，证明当年在上面可能还建有屋顶覆盖。地下室有狭窄的夯土阶梯，共 13 级，可供人上下。室内的四壁系夯土筑成，墙面涂抹草拌泥，外面嵌方砖。地面的西部，地坪上铺方砖，十分工整。东部则是五眼南北并列的陶井，口径近 1 米，全是用预制的陶井圈套叠而成，深约 2.5 米。这是室内的主要设施。从地下室和井中，曾发掘出大批战国陶器，以及猪、牛、羊、鸡等家禽、家畜的骨骼。有的陶器上刻有“痉公”“左朕（左厨）”“吏”“啬夫”“私官”等字样。这些都表明，这是一处专门为王宫储存食品的地下仓库建筑。

郑韩故城东城的平面呈不规则的菱形，面积比西城大一倍。其东西最宽处约 2.8 千米，南北最长处约 4.4 千米。东墙与北墙大多遗留在地面以上，保存较好；南墙有部分墙基埋于地下。东墙北段有一个城墙缺口，有古代路基从此处通过，可能是当年的城门所在。郑国的城门见诸文献记载的很多，仅《左传》中提到的，就有闺门、时门、皇门、仓门、纯门、鄟门、渠门、墓门、师之梁门和桔秩之门等，但实际上并未发现那么多。

东城内主要是手工业作坊区，有冶铁、铸铜、制陶、制骨、制玉等作坊，遍布城内各处。这些作坊规模很大，如东城中部的铸铜作坊区，面积达 10 万多平方米；铸铁作坊遗址面积约有 4 万平方米。据史书记载，韩国兵器非常精良，从郑韩故城内有如此大规模的手工业作坊来看，当是名不虚传。

郑韩故城内还分布着两处墓葬区。一处位于西城的东南部，1923 年在这里曾出土春秋时期的青铜器和玉器 700 多件，即著名的新郑彝器；另一处位于东城内的西南部，规

蟠龙纹铜方壶

蟠龙纹铜方壶为春秋时期的金属器，整器造型雄浑端庄，纹饰流畅自如且富于变化，表现出春秋时期庙堂之器庄重活泼的时代气息。现收藏于郑州博物馆。

模较大，面积约16万平方米，已发现春秋墓葬300多座，有大批的随葬品，如铜器、玉器等，还发现有车马坑。从这些情况来看，郑韩故城内的墓地不会是一般居民的墓地，应当是郑国王室、贵族的陵墓区。此外，在郑韩故城外还发现春秋和战国时期的一些小墓，多是一般平民的墓葬。

第八节
赵都邯郸

>>>

邯郸在春秋时期是晋国的一个城市，春秋末年邯郸归属赵简子。“三家分晋”后，赵由中牟（今河南汤阴西）迁都于邯郸，时为赵敬侯元年（前386）。从此以后，直至赵王迁八年（前228）秦军攻破邯郸，邯郸作为赵国都城前后共计159年。

邯郸故城位于今河北省邯郸市。它西倚太行山，东连华北大平原，扼住沿太行山东麓的南北交通大道，“北通燕、涿，南有郑、卫”（司马迁语），地理位置十分优越。邯郸城址坐落于太行山东麓沁河的冲积扇上，东临滏阳河，西面是丘陵，沁河、渚河自西向东穿城而过，注入滏阳河。1940年，日本人曾对邯郸故城进行过调查、试掘。20世纪50年代末到70年代我国的文物考古工作者又进行过深入的勘察，从而将邯郸的基本格局和范围比较完整地揭示出来。

邯郸由相互独立的大小两城组成。小城就是俗称的赵王城，实际上只是赵都的宫城；大城又叫大北城，位于小城的东北方，是外郭城。

赵王城建造在丘陵地带，地势较高，可以俯瞰大北城。它的东北角与大北城相距不到百米。联系到邯郸城的历史演变过程，我们可以知道赵敬侯迁都时，没有将宫城设于原来早已存在、发展了很久的邯

邯郸武灵丛台

武灵丛台是赵邯郸故城中的一组重要建筑群，始建于战国赵武灵王时期，是赵王检阅军队与观赏歌舞之地，已有两千多年的历史。

郸旧城内，而是另择了大城西南方高敞的丘陵地带建立宫城。其目的不言而喻，一方面是为了凭借较高的地势，便于防守；另一方面，也可以居高临下，监视大城人民的活动。

赵王城又由呈品字形排列的东、西、北三个小城组成。三个小城各自约 1 千米见方，总面积 5 平方千米多，城内都有巨大的夯土台基遗址。其中，西城平面形状接近正方形，南北长 1 390 米，东西宽 1 354 米。四周城墙残高 3 ～ 8 米，墙基宽 20 ～ 30 米，局部宽 40 ～ 50 米。

西城内的中部偏南，有一座俗称龙台的高大夯土台，其底面南北长 296 米，东西宽 265 米，四面斜收向上，残高 19 米。这是邯郸故城最大的夯土台基遗址，也是迄今为止东周列国都城现存夯土台基中尺寸最大的一座。龙台以北，又有两个大台基，长宽 50 ～ 60 米，与龙台一道，一线排开，相距 220 米左右，构成一条明显的中轴线。在这三座台基的周围，还有几座 40 米见方的台基。龙台的西面和西北部，还有大面积的地下夯土建筑基址。此外，西城的城墙每面都有缺口，东面三个，北西各一，南面两个，似是城门遗迹。而从缺口的平面位置来看，又都与龙台有显著的对应关系。由此不难看出，西城当是一处规划严整的王宫。宫殿区的主体建筑就是龙台；在由龙台向北延伸出去的长数百米的中轴线上，依此分布着两座次要台榭；在西城内的轴线两侧，还有大面积的其他宫殿。

东城依附于西城的东侧而建，其平面呈长方形，南北长约 1 442 米，东西最宽 926 米。东城的西墙即西城之东墙，两城之间有城门相通。在城门附近，有南北相对的两座夯土台基，俗称南将台、北将台。北将台方形，120 米见方，高 9.1 米；南将台南北长 113 米，东西宽 104 米，高 5 ～ 8.2 米。在南将台的西南方，还有二三十米见方的小型夯土台。这些夯土台的周围有筒瓦、瓦当及空心砖、柱础石等遗存，说明这里也曾是一组宫殿建筑群。

北城呈不甚规则的长方形，南北最长近 1 600 米，东西最宽 1 440 米，墙宽 30 米左右。其南部跨越东城的北墙，直至西城北墙的三分之一处。北城内建筑遗迹相对东西二城来说要少得多，仅在西南部有一处夯土台，近正方形，南北长约 135 米，东西宽约 111 米，高 4.5 ～ 6 米。与之相对峙，在北城的西墙外还有一处夯土台，略呈方形，东西 55 米，南北 67 米，高 6 ～ 10 米。考虑到北城就建造在布满宫殿的西城和东城的旁边，而城内没有大规模的宫殿，因此可以推测，这里可能是苑囿所在，或许就是文献中“昔战国赵王作游圃，多植松柏，名曰赵圃”(《修墨录》) 中的“赵圃”。

赵王城的三个小城是邯郸宫殿区的三个有机组成部分。它们有组织地排列在一起，相互之间有共用的城墙，通过相邻的城门相联系。三座城中各有宫殿建筑遗迹，但宫殿的地位又有所不同。其中，西城的宫殿最严整有序，建筑群的规模也最为宏大，组织也比较复杂，在赵王城中地位最高。龙台建筑群作为西城宫殿区的主体，它所形成的中轴线，自然也在整个“赵王城”宫殿区中居于主导地位。东城的宫殿建筑无论体量还是配置，都较西城稍逊。其中以南将台、北将台形成的轴线，位置明显偏向西城一侧，显然是一条平行于主轴线的次要轴线。这表明东城的宫殿是附属宫殿，级别低于西城宫殿。至于北城宫殿，级别更低于东城。从北城内较为空旷的事实来看，北城内很可能是附属于赵王城宫殿的园林区。

大北城是完全独立于赵王城的郭城，过去由于没有发现，所以人们一直认为赵王城就是邯郸城。1970 年的深入勘察，发现了这座埋藏在今邯郸市区地面以下 7 ～ 9 米深处的大城。

大北城的平面作不规则的长方形，东西宽约 3 千米，南北最长 4.8 千米，城墙宽度一般在 20 米左右，总面积 13.8 平方千米。除了城西北部地势较高，西墙在地面上还断断续续地保留着高 3 ～ 12 米的残墙外，其余墙址都埋在今地表之下，有的墙址迄今也未找到。城内有各种手工业作坊遗址。曾发现多处炼铁、铸铜、烧陶、骨器、石器等作坊遗址，主要分布于大北城的中部偏东处。此处在“大北城”的东北部，还有一座东西长 59 米，南北宽 40 米，高 12.5 米的土台，据说是当年赵武灵王所筑丛台的遗迹。

第九节 其他城市

>>>

一、魏都安邑

魏氏为晋国大夫时，居于魏城（今山西省芮城县北 2.5 千米），后徙治于霍（今山西霍州）。晋悼公时，魏绛又徙治于安邑，直至魏惠王九年（前 362）魏国徙居大梁，魏以安邑为都前后有 200 年之久。

魏城遗址尚存，位于今芮城县境内，著名的永乐宫新址就位于魏城南部中央。城址平面略呈方形，东、南、北三面城墙均较为平直，唯有西墙明显向外凸出，呈弧形。城周长约 4 500 米，南墙长 1 150 米，东墙长 1 268 米，西墙长约 1 000 米，北墙长约 1 080 米。四面城墙中，除西墙因被泉水、洪水冲刷而毁坏严重外，其余三面城墙一般在地面上都可以看到，高度 1 ～ 7 米不等。墙基的宽度一般在 13 ～ 15 米之间。

安邑故城位于山西夏县西北 15 千米处。由于传说夏禹曾居于此，所以当地人也称其为禹王城。青龙河在城的东半部由西南向东北穿城而过，安邑包括大小两个环套的城圈。大城平面近梯形，周长约 15.5 千米，北墙、西墙和南墙之西段保存较好，一般仍高出地面 1 ～ 4 米，其中西墙的最高处是 8 米高。墙基的宽度一般 12 米左右，西城城角一段宽度达 22 米。东墙可能是因为洪水的原因，已经情况不明。

大城内的中央有一小城，平面呈缺一东南角的方形，周长约 3 千米。城墙保存完好，残高 1 ～ 4 米，墙厚 5 ～ 6 米。小城内的地面比周围地面高出 1 ～ 4 米，所以远望如土台。在小城外的东南角，有一人工夯土台，称作禹王台，约 70 米见方，高 9 米，可能是一处高台建筑基址。

由于未对安邑进行详细的勘察，因此，对这座城的了解尚不全面。但初步可以判断，大城建于战国时期，就是安邑故城；小城与大城同时修建，就是安邑城中的宫城。

另外在大城的西南部，还有两段城墙，自小城向西、向南延伸，在大小城之间围合成一个周长约 6.5 千米的城圈。这很可能在秦、汉时期，此地是作为河东郡治时修筑的。

二、秦都咸阳

秦是东周列国中最终统一了中国的诸侯国。在历史上，秦国曾经多次迁都。然而和其他诸侯国相比，秦的都城几乎是保存最不完善的。现在已经作过勘察的秦都，有春秋时秦德公所居的雍城、战国时献公所居的栎阳以及秦孝公所居的咸阳。

雍城的位置在陕西省凤翔县城南，处于雍水以北。自德公元年（前 677）至献公二年（前 383），秦国一直以雍城为都，共 294 年。在秦国历史上，雍城是作为都城时间最长的。20 世纪 50 年代后期的调查发掘使我们对这座城市有了一些初步的了解。

雍城平面呈不规则的方形，东西长 3 300 米，南北宽 3 200 米，面积有 10.56 平方千米。四面城墙中，西墙保存尚好，长 3 200 米，宽 4.3 ～ 15 米，残高 1.65 ～ 2.05 米。墙外有长约 1 000 米，宽 12.6 ～ 25 米的护城壕。在西墙的中段，发现有城门一处，宽度为 10 米左右。南墙沿雍水河修筑，故有所曲折，其西段多被破坏，东段长 1 800 米，残宽 4 米多，残高 2 ～ 7.35 米。北墙多为凤翔县城所压，只发现两段，共计长 450 米，残宽 2.75 ～ 4.5 米，残高 1 ～ 1.85 米。东墙依纸坊河而筑，破坏严重，发现三段，共长 420 米，残宽 8.25 米，残高 3.75 米。

城内的道路共发现 8 条。其中，南北向和东西向各 4 条，每条长约 3 000 米，宽 15 ～ 20 米，相互之间纵横交错。

雍城内最重要的发现，是位于城中部偏西的春秋秦国宫殿基址、凌阴遗址和位于城中部偏南的宫殿建筑基址。

在城中部偏西的姚家岗高地，20 世纪 70 年代曾出土大量的铜质建筑构件，共计 64 件，分 10 种类型，有一面或二三面装饰着纹样，应当是大型宫殿建筑木柱、枋、门窗等上面的装饰构件。此外，还发现了部分宫殿基址，主要是一处夯土台基的西南角，曾发掘出包括散水、柱洞、夯土墙基、空心砖和半瓦当在内的许多宫殿建筑遗迹。

凌阴遗址位于姚家岗高地西部。这是一处平面近乎方形的夯土基，四面有大约 17 米见方的土墙一周。在夯土基的中部，是一个长方形窖穴，口部东西 10 米，南北 11.4 米。窖内有宽 0.7 ～ 0.8 米的一层平台。平台范围内是东西宽 6.4 米，南北长 7.35 米的窖底，铺有一层砂质片岩，与平台等高。在窖穴周围有一圈回廊，西回廊正中有通道、槽门和排水道。根据推测，这种建造在宫殿附近的大型窖穴，应该就是《诗经》所记载“二之日凿冰冲冲，三之日纳于凌阴”中的“凌阴”，即储冰窖。

雍城中部偏南的马家庄一带，也有几处重要的建筑基址，据推测，可能是春秋时秦国宗庙、寝宫的大型建筑。

秦都栎阳位于今陕西省西安市临潼区境内栎阳镇东 12.5 千米处。据《史记·秦本纪》记载，战国时献公元年（前 383），秦迁都于栎阳，

先秦异形布

至秦孝公十二年（前350）迁都咸阳，栎阳作为秦都共34年。

考古勘探发现栎阳城内的3条街道、6个城门和500多米长的北城墙。按城门位置推测，栎阳城的平面很可能是一南北长、东西窄的长方形，东西宽1 800米，南北长2 232米。城内的南北大道宽10.7米，东西大道宽15.7和17.7米。城内遗址曾出土带有装饰纹样的铺地砖、空心砖和瓦当等。

秦都咸阳位于今陕西省咸阳市以东约10千米处。据《史记·秦本纪》记载，秦孝公十二年，“作为咸阳，筑冀阙，秦徙都之。”从此，直到公元前221年秦始皇建立秦朝，咸阳作为东周列国时期秦国的都城共144年。

关于咸阳城址的具体位置，由于其地处渭水之滨，多年来的河床北移严重破坏了城址，所以目前尚不能确定。但是根据文献记载可以知道，秦国曾在咸阳兴建了大规模的宫殿，先后有冀阙、咸阳宫、六国宫室等，这些宫殿也是咸阳城的有机组成部分。正如《三辅黄图》上所说的那样：“咸阳北至九嵕、甘泉，南至鄠、杜，东至河，西至汧、渭之交，东西八百里，南北四百里，离宫别馆相望连属。木衣绨绣，土被朱紫，宫人不移，乐不改悬。穷年忘归，犹不能遍。”这些宫殿建筑基址的发现，有助于我们正确理解咸阳城的范围、规模和布局。

通过调查和勘探，在今渭河北岸的咸阳塬上，发现在东西 6 千米、南北 2 千米的范围内，分布着一系列大型的秦咸阳宫殿遗址。其中，第 1、2、3 号宫殿建筑基址保存相当完整，经过发掘有重大收获。

第 1 号宫殿建筑基址是一东西长 60 米，南北宽 45 米，高 6 米的大型夯土台基，上下两层。顶部中间是一间很大的方形主体殿堂，东西长 13.4 米，南北宽 12 米。其余依夯土台修建了不同用途的十几间房间。周围有回廊、坡道围绕，平面较为复杂。发掘中发现有许多卵石散水、排水沟、排水池等建筑设施，及种类很多的砖、瓦、瓦当等。遗址中还发现了壁画，共出土残块 440 多块，最大的长 37 厘米，宽 25 厘米。壁画色彩斑斓，有红、黑、赭、青、黄、绿、紫等。可以想象当年这所宫殿是何等华丽。

三、晋都新田

晋国是春秋时的大国，春秋初期以翼为都。晋献公九年（前 668）晋徙都于绛。晋景公十五年（前 585），晋又迁都于新田。至晋桓公二十年（前 369），韩、赵迁桓公于屯留，新田作为晋都前后共 200 年左右。

新田故城位于今山西省侯马市西北，介于汾水和浍水之间。在这一带共发现六个大小不同的城圈。其中的白店古城址南北长 1 000 多米，东西宽 750 米，呈长方形，修建年代较早，且上面叠压着台神、牛村两座古城址，因此可能是晋迁都之前的新田旧城。台神、牛村和这两座城址北部的平望古城址相互套接，成品字形，当时是新田晚期城址。在这四座古城的东面约 1 千米处，还有面积较小的马庄、呈王二古城。这些古城址除牛村古城一直沿用到战国早期外，均属春秋中、晚期，与新田作为晋都的时间基本吻合。

牛村古城南北最长 1 740 米，东西最宽 1 400 米，略呈长方形。西北角因被平望古城所压而呈曲尺形，东北角则呈切角状。城墙宽 4 ～ 8 米，外面有护城河的遗迹。在城内北部的中央，有正方形的大型夯土台基，边长 52.5 米，现高 6.5 米。

台神古城东西长 1 700 米，南北宽 1 250 米，呈长方形。南城墙与牛村古城的南墙基本上保持在同一条直线上。

平望古城稍小，东西约 900 米，南北约 1 025 米，亦呈长方形。城内中部偏西处有一大型夯土台基，分二级，底面 75 米见方，总高 8.5 米。

关于牛村、台神、平望三个古城之间究竟是何种关系，由于缺乏考古资料，目前尚难判断。但是结合文献记载和考古发现来看，这三座古城无疑是晋国晚期都城新田。另外牛村和平望古城内的夯土台基，很可能是当时的宫殿所在。

呈王古城址位于牛村古城以东 1 000 米处。其平面不甚规则，东西长约 600 米，南北宽约 500 米，总面积约 30 万平方米。城中部有一东西方向的夯土墙，将其分成南北二城。在北城靠近中部的地方，还有两处夯土建筑遗存。

马庄古城的规模大致与呈王古城相近。这两座古城都很小，而且城内文化遗存很少，据推测，可能是当时宗庙性质的城堡。

在呈王古城以东约 1 200 米处，还有呈王路建筑群遗址，南北长约 400 米，东西宽约 300 米，面积在 12 万平方米左右。遗址中共发现夯土建筑基址 78 处，其年代较晋迁都新田时稍晚。由于这组建筑群的布局比较严整，距离呈王古城不远，而且其中还发现有 130 个祭祀坑，所以其性质可能也是宗庙。

夯土墙

新田的 6 座古城址周围，还分布着许多晋国的建筑遗存。如新田城圈以南，到浍河岸边，有分布范围很广的铸铜、制陶、制骨等手工业作坊遗址；在牛村古城以南约 250 米处，发现有一处祭祀建筑遗址，由主体建筑和从东、西、北三面环绕于主体建筑的墙垣组成，建筑基址东西长 39 米，南北宽 38 米，总面积 1 482 平方米，基址南部是 59 座祭祀坑；在浍水南岸，有总面积 50 万平方米以上的东周墓群；在呈王古城的东南部，呈王路建筑群遗址的正南方，还发现大片盟誓遗址，曾出土数千片盟书；此外在汾水附近，也有墓葬区和居民区发现。

四、阳城

阳城在春秋时属郑，战国时属韩，先后成为郑、韩两国西部边陲的军事重镇。阳城的位置在今河南登封告成镇。1977 年 5 月其遗址被发现，经发掘证实就是东周时的阳城。

阳城坐落在告成镇东北的平坦高地上，平面呈南北向的长方形，南北长 2 000 米，东西宽约 700 米，总面积大约 1.4 平方千米。城墙依地势修筑，北高南低，其中北墙保存较好，长约 700 米，墙基宽约 30 米，地面残墙尚存 8 米高；东墙沿一条小河修筑，长 2 000 米左右，部分城墙尚存 1 ～ 2 米高，其余墙基埋于地下；西墙共长 1 700 米左右，北段被冲毁，中段、南段夯土痕迹尚可辨认；南墙沿颍河北岸的第二层台地南侧修筑，长约 700 米，只剩下断断续续的几段城墙。

北墙外有一条宽 60 多米的壕沟，大约是护城壕。东墙建于小河西岸的陡崖，小河便是天然的护城河。西墙外也有一条宽约 50 米的南北向洼地，可能也是城壕。南墙外由于地势骤降，所以当时可能就没有护城壕。

北墙的中段有一个宽约 13 米的缺口，当是阳城的北门。北门正北，有一座高 100 多米的小山——疙瘩坡，是阳城外面的制高点，可能在当时是一处军事据点。在其北坡外，又有两道与北墙相平行的夯土墙。第一道墙东西残长 180 米，残高约 3 米，且北面有一条东西向的壕沟，宽 30 米；壕沟的北面地势略高，再北则是第二道墙，东西残长 120 米，高出地面 1 ～ 2 米，墙外又有一道壕沟。两墙之间，相距 100 米左右，其东西两面都是较高的断崖。从疙瘩坡一带的地形来看，这两道增筑的城墙显然是阳城防御设施的一部分。由此可见阳城防卫之严密。

城内北部的中央，发现一处战国时期的大型建筑基址。地面上还残留有成片的铺地砖，其上堆积了大量的砖、瓦、瓦当及陶器残片。

阳城遗址中最重要的发现，就是城内完善的供水、贮水设施。在城内的北部，地下输水管道分东西两路，将城外东西两边小河的水引入城内。输水管道是由一节节一头粗、一头细的陶管套接而成，由北而南，铺于岩石层中凿好的沟槽内，每隔三五十米就有一个三通管，还根据需要设置三通斜支管、四通管、陶弯头管等。供水设施的南端，与一个贮水池相连。水池开凿在红色的岩石层中，池底用直径 0.4 ～ 0.5 米的河卵石平铺，可能是为了沉淀水中的泥沙。

由于阳城修筑在地势较高的台地，为了能安全及时地在战时取得饮用水，所以当时采取了铺设地下输水管道的办法。这一发现非常有意义，因为以往我们见到的先秦陶制水管，都是属于排水设施；而阳城的供水管道说明，最晚到战国时期，在技术上已经能解决城市供水设施问题。经过发掘整理，现在已经基本上搞清楚了这套供水设施的体系和组成，其高度的合理性和科学性是十分令人惊讶的。这一切说明，我国古代的劳动人民很早就在城市建设方面，达到相当高超的水平。

战国陶管道

第三章

>>>

宫殿建筑

3

第一节
宫殿建筑的基本情况

>>>

春秋战国时期，在经济发展的推动下，城市人口大量增加，城市规模不断扩大，城市中的物质积累也渐趋丰富。与此同时，周天子的地位一落千丈，而诸侯列国的势力迅速崛起。在政治、经济和军事上拥有强大实力的各路诸侯为了炫耀其财力和物力，追求豪华奢侈的生活，纷纷大肆兴建宫殿。加之相互模仿攀比，一时间"高台榭，美宫室"蔚然成风。这种情况到了战国时期显得更加突出。如苏秦就曾对齐湣王说："厚葬以明孝；高宫室，大苑囿，以明得意。"[1] 这时周王朝曾经制定的

---

① 《史记·苏秦列传》。

开阳堡城门

开阳堡即战国时期赵国代郡之安阳邑。这是有明确记载的阳原县境内最古老的县城和村庄，故开阳有“开阳原县村庄先河”之说。

“天子之堂九尺，大夫五尺，士三尺”等一系列典章制度，连同社会上那些崇尚上古圣贤宫室“茅茨不剪”的政治理想，一道被当时的现实无情地抛弃了。而各诸侯国结合各自都城建设的实际，以自我作古的姿态大胆推陈出新，则使春秋战国时期的宫殿建设呈现出百花齐放的新气象，取得了很高的成就。

首先，各诸侯国兴建宫殿的数量之多、规模之大都是空前的。比如齐国的宫殿，除了临淄小城内以桓公台、金銮殿两处建筑基址为主体的宫廷外，见诸记载的还有雪宫，因位于雪门外而得名，是齐王会见宾客、游乐欢宴之处，齐宣王曾在此会见孟子，现在临淄东门外有南北长 50 米、东西宽 30 米的台基，传说就是雪宫台遗址；梧宫，因多植梧桐而得名，齐襄王曾在此接待楚使，现临淄城外西北 10 千米处，有周长 220 米、高 18 米的台基，传说是当年梧台的遗址。临淄城内外还有许多离宫、台榭。例如遄台，在《左传》中有“晏子侍于遄台”的记载，《晏子春秋》中也有“晏子与景公在遄台辩”的记载，现临淄小城西侧 1 千米，有南北长 60 米、东西宽 50 米、高 5 米的台基，传为遄台遗址。此外，临淄城内外现存或已经磨灭的其他许多台基，虽然名称早已无从查考，但联系到文献中诸如栈台、鹿台、坛台、路寝之台、长康台等许多名称，我们就不难想象当年临淄宫殿区的规模，以及高台建筑林立的景象了。

楚国郢都宫殿区的规模相当可观，郢城内现存夯土台基多达 84 座，城内东南部就集中分布着 60 多座台基，都是当年高台宫殿建筑的遗迹。这些台基不仅数量多、密度高，而且规模也非常巨大。其中最大的一个台基长宽都在 120 米之上。屈原在《楚辞 · 招魂》中曾这样描述楚宫：“高堂邃宇，槛层轩些。层台累榭，临高山些。网户朱缀，刻方连些。冬有突厦，夏室寒些。川谷径复，流潺湲些。”这段话的意思是，楚宫殿堂巍峨，宫室深邃；廊庑阁道，栏杆纵横；台榭高耸，可以俯瞰高山；镂空的门扇上，朱红色的方格相连；冬天有温暖的房间，夏天有阴凉的宫室；苑囿中的水流曲折，叮咚作响。由此可见楚宫是何等宏大壮观。《国语 · 楚语上》还记载楚灵王“为章华之台”。在湖北潜江县龙湾镇发现一处楚国宫殿遗址，东西长约 2 000 米，南北宽约 1 000 米，有东周台基遗址十多处，据推测可能就是章华台离宫的故址。

赵都邯郸的宫殿据记载有信宫、东宫。《史记 · 赵世家》记载赵武灵王二十七年曾“大朝于东宫，传国，立王子何以为王”。现在邯郸赵王城的三个小城中都有巨大的夯土台基分布，就是当年高台宫室的遗址。其中，西城和东城夯土台分布尤其密集，应是赵都宫殿区的主要部分。北城较为空旷，可能是文献《修墨录》中“昔战国赵王作游圃，多植松柏，名曰赵圃”的“赵圃”。

秦国都城咸阳在东周列国都城中，是先后建有宫殿数量最多、分布最广、规模最大者。秦孝公十二年（前 350）“作为咸阳，筑冀阙，秦徙都之”，当时商鞅便效仿鲁、卫宫阙，主持修建了咸阳的冀阙宫殿。此后在咸阳修建的著名宫殿还有咸阳宫，“因北陵营殿，端门四达，以则紫宫，象帝居。渭水贯都，以象天汉”，气魄极大。秦始皇最后完成统一大业的过程中，“每破诸侯，写放其宫室，作之咸阳北坂上”，是为六国宫殿。虽然主要是出于炫耀武功的目的，但能集六国宫殿之精粹于一处，其规模之大、制度之华丽、风格之独特各异，是空前壮举。至于秦统一后又兴建阿房宫前殿、极庙等，就是更大的手笔了。

春秋战国时期宫殿建设的风气之所以如此兴盛，原因是多方面的。但最根本的一点，就是由于当时生产的发展，使社会财富不仅有了较多的积累，而且还在不断增长。在此基础上，春秋以前形成的关于宫殿的简朴的观念发生了变化，统治者要追求奢华的生活享受，因此横征暴敛于民，大肆营建，则是推动宫殿发展的内在动因。墨子有一段话就反映出宫殿发展过程中，对于宫殿的观念的变化。他首先谈起了古代圣贤对于宫殿的比较朴素的观念：“故圣王作为宫室，为宫室之法，曰：室高足以辟润湿，边足以圉风寒，上足以待雪霜雨露，宫墙之高，足以别男女之礼，谨此则止。”这就是说，古人对于宫殿是持一种“便于生，不以为观乐也”的思想的。接着，他又批评了当时现实社会里追求华丽宫殿的做法：“当今之主，其为宫室，则与此异矣。必厚作敛于百姓，暴夺民衣食之财，以为宫室。台榭曲直之望，青黄刻镂之饰；为宫室若此，故左右皆法象之。是以其财不足以待凶饥，赈孤寡，故国贫而民难治也。”(《墨子》)

其次，各国宫殿中普遍大量建造高台建筑，或者说台榭，这是春秋战国时期宫殿最显著的特点。从东周列国都城来看，几乎所有都城的宫殿区内，都有大型夯土台基，即高台建筑遗址的存在。其中，现存台基数量只有一座的如魏都安邑，在小城外的东南角有 70 米见方、高 9 米的禹王台；郑韩都城新郑，在西城的西北隅有长 135 米、宽 80 米、高 70 米的“梳妆台”。其余各国都城内都有多座台基尚存。如齐都临淄城内有桓公台、金銮殿，城外有雪宫台、梧台、遄台等若干台基；燕下都宫殿区的中轴线上就有武阳台、望景台、张公台、老姥台接连 4 座巨大的夯土台基；赵都邯郸的赵王城内，有龙台、南将台、北将台等 7 座大型台基；现存台基数量最多的当属楚都郢，分布在城内各处的夯土台基多达 84 座，宫殿区内就集中分布着 61 座台基。

修建高台建筑在当时有很多好处，它的位置比较高敞，通风、日照都非常良好；由于台榭视野开阔，所以又可以用来登高瞭望；在军事上，台榭相当于一座小型城堡，有利于防守；另外，在当时木构技术尚不发达，单凭木材难以塑造大体量建筑的情况下，台榭以其具有的一定高度和体量，容易形成宏伟的外观，所以也比较适于建造宫殿建筑。

不过，由于春秋以前人们对于建筑的观念还比较朴素，所以最初修建台榭的目的，可能只是为了军事防御和登高瞭望的需要。后来到了春秋晚期，随着当时对于宫殿的观念发生转变，转而崇尚豪华奢靡，各国诸侯纷纷大兴台榭，就已经主要是出于炫耀财力物力、追求豪华奢侈的生活享受的目的了。从春秋晚期楚灵王与伍举的一番对话中，我们也能够明显看出在春秋时期高台建筑性质发生的变化。据《国语·楚语上》记载，楚灵王造好章华台以后，对与他一同登台的伍举用夸耀的口气说："台美夫！"伍举当即给他泼了一盆冷水："臣闻国君服宠以为美，安民以为乐，听德以为聪，致远以为明。不闻其以土木之崇高、彤镂为美。"接着又给他上了一堂美学课，其中有这样一段话："故先王之为台榭也，榭不过讲军实，台不过望氛祥。故榭度于大卒之居，台度于临观之高。其所不夺穑地，其为不匮财用，其事不烦官业，其时不时务。瘠硗之地，于是乎为之；城守之木，于是乎用之；官僚之暇，于是乎临

齐长城遗址

齐长城遗址横亘于齐鲁大地，始建于春秋时期，距今已2 500余年。西起黄河，东至黄海；东西蜿蜒千余里，几乎把整个山东南北分为两半。

之；四时之隙，于是乎成之。……夫为台榭，将以教民利也，不知其以匮之也。若君谓此台美而为之正，楚其殆矣!”

高台建筑的构筑方法，是先以人工夯筑高达数米，乃至十几米的土台，然后在台上分层建造木构宫室。其平面一般为方形或长方形，外观有的单层，有的二层、三层或者更多。通常单层的高台建筑其尺寸也较小，二层、三层的尺寸则较大。

高台建筑依功能和配置的不同，尺寸相差也非常大。一般来说，在宫殿区的平面配置中居于主导地位的台基，尺寸都相当巨大。例如在已发现的列国都城的夯土台基中，体量最大的一座，即邯郸赵王城西城内的龙台，长296米，宽265米，高达19米，尺寸惊人。其次是燕下都的武阳台，长140米，宽110米，高11米，此二者都在各自宫殿中居于主导地位。此外，临淄小城内的桓公台长86米、宽70米，尚14米；郢都宫殿区南部中央最大的一座台基，长宽都在120米以上，尺寸也都很大。相比之下，附属性的小型夯土台寸度就要小得多，不过20～30米见方，数米高，有的甚至更小。

建造高台建筑的风气一直延续到西汉时期还很盛行。之后，由于木构架建筑技术的发展，不需要依靠人工夯筑土台这种既费时又费力的方法，就已经能创造巨大的建筑体量和恢宏壮丽的建筑形象。在这种情况下，高台建筑便逐渐衰落下来。不过，这种建筑类型在中国建筑史上的影响还是非常深远的。比如明、清北京宫殿中的三大殿坐落于高大台基之上，就是高台建筑的遗风。

第三，从现在了解得尚比较清楚的燕、赵、鲁和郑、韩等国的宫殿来看，宫城都有明显的南北中轴线，而且与内城甚至外城的规划结构有密切关系。例如燕下都的宫殿区，武阳台与它北面的望景台、张公台、老姥台形成一条长达1 400米的中轴线，不仅是宫殿区的中轴线，从位置上看也居于东城正中，而且全城最高大的建筑物都位于其上，可说是非常显赫，统帅全城。郑韩故城的宫城位于西城或曰内城的中部，宫城北部正中是宫中的正殿，从正殿向北，经宫城北门、宫墙北墙外的建筑群，直至西城北门，形成一条明显的中轴线，不仅是宫城，而且也是西城的中轴线。

赵都邯郸的赵王城是宫城，其西城内以龙台为首，形成宫城内主要的南北向轴线；在东城又有南将台和北将台构成的一条次要轴线，明显偏于一侧。由于赵王城是赵迁都后才修建的，晚于大北城，因此宫城轴线与郭的关系不像燕下都与郑韩故城。尽管如此，赵王城的轴线还是与大北城保持一种基本平行的走向，这不能不引起我们的注意。

此外，鲁都曲阜故城中部的宫殿区与鲁都的南垣东门、两观，城外的舞雩台，形成一条南北向的中轴线，在宫城与南垣之间的轴线两侧，除了一些有规模的夯土建筑基址外，再没有发现其他遗址。很明显这是全城的中轴线，它控制了全城的规则。尽管宫城内的规划尚不十分明显，但从宫城与轴线的位置关系，以及鲁都曲阜带有较多的西周城市的特点来判断，这条轴线必定也是宫城的中轴线。轴线两侧保持着类似左祖右社这样营造制度中的规划内容和格局。

最后值得一提的是，由于春秋战国时期宫殿建筑代表着当时社会上建筑的最高级别，所以，人们所掌握的最先进的技术手段和最优秀的艺术表现手法，都会应用到宫殿建筑中去。因此，正如我们所了解到的，当时的宫殿曾经拥有先进的取暖、排水、冷

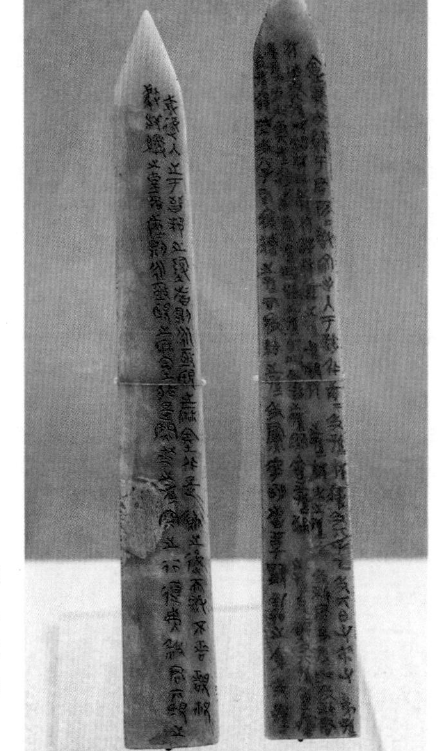

战国玉盟书

其上书写的文字，字形古雅、运笔流畅，乃是东周时期的大篆体系，看起来古韵十足，对研究我国古代文字书写进程及东周的文字、书法提供了宝贵的资料。

藏、洗浴等设施，还拥有豪华的装饰和绚丽的色彩。这些都反映出古代的建设者们无与伦比的聪明才智和高超的工艺水平。

第二节
秦都咸阳第1号宫殿建筑

>>>

秦都咸阳第1号宫殿建筑，是战国中、晚期秦国的一处宫殿建筑。其遗址位于今陕西省咸阳市以东15千米的牛羊村北塬上，南临渭水，北倚高原，东西两侧是大面积的秦宫遗址。这座遗址发掘前状如坟冢，东西长60米，南北宽45米，高6米。台面除由西向东为缓坡外，其余各面均为陡坡。1974年3月至1975年11月，秦都咸阳考古工作站对其进行了发掘，揭露面积3 100平方米，从而将这座秦国宫殿建筑的真实面貌展现出来。

秦都咸阳1号宫殿建筑（以下简称1号建筑）是一座高台建筑，分上下两层，台基连同下面的地基都是夯土筑成。房间分布于台面之上和台基的四周。房间的墙壁有的是夯土台壁，间以木壁柱加固；有的则是以土坯墙砌筑。房间的屋顶基本上都是由木构承重。因此，这座建筑可以说是由土木混合建成。

这座建筑的下层，周围的北、西、南和东北面都围以回廊，廊深约2.5米。在廊内没有房间的地方，回廊的内壁都是夯土台壁，沿壁面有柱洞一排，回廊外虽然没有发现柱洞，但推测应有檐柱，可能是立于础石上。回廊地面的处理如同室内地面，在地面以外则是散水。北廊的散水宽0.9米，做法是两边平行铺方砖各一排，中间置卵石。至于回廊的屋顶形式，由于在回廊的东北阴角处，曾发现有塌落积压的椽痕两道，所以可判断为木构屋顶，大约是用直径约10厘米的圆椽修建而成。

秦代宫厩封泥

封泥，又称泥封、艺泥，是盖有古代玺印的干燥坚硬的泥团，作为古代缄封公文书信、物品以防私拆的信验物。

北廊内有两踏步，其位置将台基北壁三等分。两踏步均为六步五级，用长方形空心砖铺设。踏步的南侧是一条甬道，宽 2.2 米，地面高出室外地面约 1 米。其外边沿有壁柱及暗柱遗迹，因此，可能原有栏板或者是开有门窗的高墙。由于这一甬道处于回廊以内，属于半室内的性质，而且比较高敞，估计就是先秦文献中所说的入室脱鞋处。

甬道以南，与之相对应的是两个长方形的房间，即 6 室、7 室。两室后壁共用同一面台壁，从壁柱看共有 11 间，两室之间的隔墙就位于五间半处。经测量，6 室面宽约 16.2 米，7 室面宽 16.1 米，基本相同。两室进深均为两间，为 5.05 米。隔墙为夹竹抹泥墙，两面抹光，在其北段有木槛遗留的炭痕，因此，这里可能原有一个门沟通 6、7 两室。在 6 室北壁的西侧也有门，隔甬道正对北廊西侧的踏步。在踏步附近曾出土过一个青铜铺首。估计 7 室在相应的位置也有门正对踏步。两室内曾出土大量的筒瓦、板瓦，以及泥土楼面残块，这表明上面原来并非露台，而是木构覆瓦的结构。

南廊的西半段以内，对应着一排房间，其北面共用同一面夯土台壁，进深大约5.9米，室内地面高出室外地面近1米。最东头的房间是8室，长方形，开间近7米，室内素面方砖铺地，砖下垫有23厘米厚的砂土。房间的东北角设有壁炉，西北角有储藏物品用的窖穴，东南角有排水池。室内瓦片出土很少，但发现很多壁画残片。从这些设施来看，这间房间可能是沐浴盥洗间。

9室在8室西侧，与之相邻，其平面大致为方形，东西5.9米。在室内东北角高出地面43厘米的墙上，有黑色几何纹壁画带，推测可能是睡炕的位置。9室以西的房间因破坏比较严重，所以无法辨别原状。但是根据8、9两室开间的情况，似乎可以分成相同开间的三个房间，即10、11、12室。从南廊以内进深的情况来看，南廊和房间之间也应当有一条甬道，与北廊内甬道尺寸相同。

由于南廊的房间朝向都比较好；一端还有沐浴盥洗设施；房间内有壁画；房门外是甬道，因此可以认为这些房间主要是卧室。另外，8室曾出土陶纺轮，应是女性所用之物，由此看来，这些房间里可能居住的是女性。

台基上层的中部是一处大房间，即一室，其平面方形，室内东西长13.4米，南北宽12米。室内地面高出室外地坪4.9米。房间东面的厚壁上，居中开有一门，宽3.23米，门下木门槛遗迹尚存，门洞长2.1米。北壁有两个门。南壁虽然破坏比较严重，但从柱洞位置看，也有两门与北壁相对应。房间四壁中的东西二壁及北壁的西段，以夯土台为壁，其余现存墙壁都是用土坯垒砌而成。墙壁表面用草泥抹面，外施白粉，现存之未遭受火焚处仍色白如新。在1室的中央，有一圆洞，从洞内有木炭灰烬看，此处应有一根大柱，即都柱，直径约0.64米，埋深0.18米，柱底还放置有础石。需要说明的是，西汉建筑遗址中，曾发现有在平面中央仅设一根柱子的做法，汉代文献称之为“都柱”，现在看来，这种做法早在战国秦时就已出现。至于在房间中央设柱这种做法本身，是建筑技术还不成熟时的表现，这很可能是原始社会半穴居建筑的一种遗风。汉代以后，随着中国传统木构建筑的成熟和进步，这种做法就彻底消失了。

1室的北壁外，隔两米左右就是台基下层6、7两室后壁的位置。估计当时6、7两室的屋顶，可能是一处木构搭起的平台，隔一条甬道与 1 室相连。同样，在 1 室的南部，大约也是隔甬道与 8 ～ 12 室屋顶上的露台相连。1 室的东面，通过东门与曲尺形的 2 室相通。2 室南面是 3 室，平面长方形，面阔 3 间，室内西北角有残存的壁炉，形制与下层 8 室的壁炉相同，室内地面标高与 1 室相同。

1 室以西，隔坡道和夯土台壁是 4 室、5 室。其地面标高也与 1 室相同。两室平面都是长方形，进深估计也应相同。开间都残存两间。5 室内东壁曾有壁炉，现在仅存炉龛。4 室内还曾出土过铜质建筑构件。

从秦都咸阳第 1 号宫殿建筑遗址表现出来的特点看，这座建筑不会是当年秦宫中的主体殿堂。它的平面形状不对称，房间布局非常自由，因此只可是居于次要地位。有学者研究后认为，它是处于发展早期的、具有高台建筑特征的一种宫观，与唐宋时所流行的，如敦煌壁画“西方净土变”中描绘的那种飞阁复道相连的宫观一脉相承。至于 1 号宫殿建筑究竟是不是咸阳宫的一部分，或者冀阙的一部分，或者是其他，由于缺乏有力的材料证明，只好留待以后去解决。

应该说，秦都咸阳第 1 号宫殿建筑遗址是现存先秦建筑遗址中保存最好、内容最为丰富的遗址之一。它是研究春秋战国时期高台宫殿建筑的一个宝贵实例，具有很强的代表性。它充分反映了当时高超的建筑艺术和技术水平，在中国古代建筑史上占有很重要的地位。

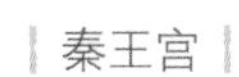

第四章

陵墓建筑

4

第一节 陵墓形制与特点

春秋战国时期，各诸侯国的王室和贵族不仅在生前尽情享乐，而且妄想将这种生活带到死后的世界，所以他们纷纷采取厚葬的方式，希望能达到此目的。一般来说，修建这些王室、贵族的陵墓都要花费大量的人力、物力。为了使陵墓能够永久长存，施工中往往都采用当时最好的材料，使用最讲究的工艺和技术，以此来确保工程的质量。可以说，这个时期的陵墓和宫殿一样，都是当时最重要的建筑类型。它们都代表了当时建筑艺术和技术所能达到的最高水平。

各国陵墓的建设一般都有比较严格的规划和布

局。首先，它们大多集中于一个或几个独立的区域，与周围环境有明显的隔离。例如在陕西凤翔秦都雍城遗址以南 5 千米，雍水南岸的三畤原下发现的属于春秋时期的秦公陵区，包括 18 座中字墓、3 座甲字墓在内的 44 座大墓，就处于一个东西长约 7 千米，南北宽约 3 千米，总面积约 21 平方千米的广阔区域。在陵区的西、南、北三面，均发现有宽 2 ～ 7 米、深 2 ～ 6 米的壕沟。又如位于河北省平山县三汲公社，属于战国中晚期的中山王墓，则分布于两处，一处在当年中山国都灵寿城内的西北部，明显偏于一隅；另一处在城外的西面，有迹象表明周围曾存在墙垣围绕陵区。燕下都的陵墓区在东城内的西北角，共有两处，即虚粮冢和九女台墓区，分别位于隔墙的北面和南面。从其周围不远就是城墙、河道以及隔墙来看，这两处墓区都应与外界相隔离。

陵区内的陵寝之间，往往呈有规律的排布，看起来显然是经过了统一的布局。这主要是源于商代、西周时就已存在的宗法制度。按照其规定，死者应当根据宗法关系同族而葬，即族坟葬。这种制度在春秋战国时期达到相当普及的程度。从考古发现的情况看，不论是王室、贵族陵墓或者平民百姓的坟墓，都排列得井然有序，同期的墓葬绝少有相互打破墓区的现象。族葬在当时已经几乎演变成一种风俗。可以说，它已成为指导陵墓布局的首要原则。至于陵寝之间排列的规律，文献中也有明确的表述。如《周礼・春官》中这样说："冢人掌公墓之地，辨其兆域而为之图，先王之葬居中，以昭穆为左右，凡诸侯居左右以前，卿大夫居后，各以其族。"这段话的意思就是，由冢人负责根据地位级别高低，来安排王室、贵族的陵墓位置以及大小规模。因此也可以说，陵寝之间排列的规律实际就是宗法关系的体现形式。

从形制看，陵墓一般都分成地下、地上两部分。地下主要是安置棺椁的墓室，地面部分就内容来说，主要有封土坟丘和墓上建筑。

墓室一般都带有墓道。墓室设有墓道的做法，早在商朝陵墓中就已出现。这种做法是由墓坑的南北、东西方向引出很长的斜坡道，称作羡道。天子级的陵墓才拥有四个方向的墓道，即四出羡道；诸侯墓只有南北墓道，即两出羡道；级别再低的，只有一出羡道。一般来说，南面的墓道较长，坡度也较为平缓，当是下葬时正式使用的坡道，商代王陵的实例可达 30 多米长。北面的墓道较短些，作阶梯形，只是礼制需要或者利于施工时搬运土方等。

春秋战国时期的陵墓沿用了商代、西周以来设墓道的做法，一般也都设置墓道，所设墓道的数量也大体上符合各自的级制。诸侯墓用两出墓道，与墓室形成中字形平面；不过迄今为止，一直没有发现东周的天子墓，也没有发现东周陵墓中有四出墓道、形成“亞（亚）”字形平面者。现已发现的东周陵墓中规模最大的，就是陕西凤翔秦公陵区的秦公 1 号大墓，两出墓道，通长 300 米。

另外在级别较低的诸侯墓中，使用墓道与否也并不绝对。如山东沂水春秋中期的莒公墓、安徽寿县春秋晚期的蔡侯墓，墓室虽然也很大，但都没有设墓道。而河南光山春秋早中期的黄君墓、山东莒南大店镇春秋晚期的莒国贵族墓，身份级别并不比前面二者高，却又有墓道。由此可见，春秋时在使用墓道上就已经不是十分严格了。当然在整个春秋战国时期，绝大多数的陵墓还都是有墓道的。

墓室内的正中构筑木椁室，椁内安放两重或数重棺。实际上椁室就相当于盛放棺的宫室，因此也叫作地宫。这种在地下设木椁室的做法，也是商代的传统。如武官村商代大墓，就是在墓坑中置方形椁室，四面各以 19 根大木作为墙壁，墓坑底面和上面各用巨木 30 根作为底板和顶盖。木料在转角处交错咬合，从而构成井干式的结构。椁中再置棺柩，外表雕刻花纹，饰以彩绘。棺椁的重数代表了墓主身份的高低，对此《礼记·檀弓上》中规定：“天子棺椁七重，诸侯五重，大夫三重，士再重。”

春秋战国时期的陵墓从椁室的构筑形式，到棺椁的艺术处理手法，几乎都沿用了商代的做法。但值得一提的是，这时候也开始探索其他形式的椁室，如“黄肠题凑”就是一个重大的发展。

“黄肠题凑”在春秋时就已经出现。据《史记·滑稽列传》记载，优孟讽谏楚庄王时，在谈话中曾提到“以雕玉为棺、文梓为椁，楩、枫、豫章为题凑”。对此，颜师古注引苏林曰：“以柏木黄心致累棺外，故曰黄肠，木头皆向内，故曰题凑。”由此可以知道，“黄肠题凑”实际

战国木椁衔环铜铺首

上是一种木椁，它位于普通的木椁之外，材料和形式都要比一般的椁室讲究。通过考古发掘我们知道，秦公1号大墓的主椁室使用的就是“黄肠题凑”，是用断面21厘米见方的枋木垒砌筑成。

总的来说，春秋战国时期的椁室仍是以木椁室为主。这种椁室形式一直延续至西汉。大约在东汉时，才由砖石结构的椁室取代，成为主流。

高大的墓上封土在春秋时期的陵墓中还不多见，但到了战国时期则变得非常普遍。墓上封土为坟丘这种做法在远古时是没有的，如《周易·系辞下》中说：“古之葬者，厚衣之以薪，葬之中野，不封不树，丧期无数。”商代可能也没有出现，传说殷墓“墓而不坟”。但是在西周时肯定就已出现了。《周礼·春官》中有“以爵为封土之度”的说法，意思是按官位的级别确定坟墓封土的大小。考古发掘也证实了这一点，如安徽屯溪的两座西周墓和江苏句容市等地发掘的西周墓都有封土。

春秋时延续了墓上封土的做法。从春秋陵墓的实例看，有一些有封土存在。如河南固始县侯古堆1号墓，有高7米、直径55米的巨大封土堆，年代约在春秋末、战国初；河南光山县宝相寺黄君孟夫妇合葬墓，年代约在春秋中期，墓上原有高7～8米的封土。

关于墓上封土，《礼记》中还有一则故事，孔子3岁时，他的父亲叔梁纥便死了；孔子长大后要祭祀父亲，却找不到墓，后经老人回忆才找到；孔子重礼，认为子孙祭祖是必要的礼节，于是就在父亲的墓上培土垒坟作为标志，以便祭祀，这个故事一方面暗示，封土的起源可能是为了便于墓祭；另一方面也说明，在春秋时期，墓上封土并不是非常普及的。

到了战国时期，随着礼制束缚渐趋松弛，宗庙祭祀的地位有所降低，墓祭开始逐步取代宗庙祭祀，墓上封土和墓上享堂建筑的使用渐渐多了起来。从实例来看，战国各诸侯国的陵墓普遍都有高大的封土存在。如齐都临淄周围有大量带封土坟丘的陵墓，其中唯一经过发掘的位于城南 0.5 千米处的郎家庄 1 号墓，是属于春秋末、战国初的齐国贵族墓，墓上原来曾有高约 10 米的封土；燕下都东城西北角的燕王室及高级贵族墓地的二十多座墓，都有高大的封土，其中经过发掘的 16 号战国早期墓，尚存长、宽各 30 米、高 7 米多的封土堆；属于战国中期的湖北江陵天星观大型楚墓和望山、沙塚等大型楚墓，在发掘前也都有坟丘。其中天星观楚墓坟上还残存长、宽 30 ～ 40 米，高 9 米以上的封土；河北省平山县战国中晚期的 6 座中山王墓也都有封土，其中经过发掘的 1 号墓，即著名的中山王墓，封土规模相当大，方形封土东西宽 92 米，南北长 110 米，高约 15 米，自下而上分成台阶状的三级；近年来在赵都邯郸西北发现的五处可能是赵王陵墓地，每处都有坐西向东的陵台，一般长 300 米，宽 200 米左右，于东侧有宽数十米的路直达岭下。陵台中部都有一两个高大的封土堆，长宽 30 ～ 50 米，高 10 米左右。这些事实说明，战国时在陵墓之上使用封土是很普遍的现象。

关于春秋战国时期墓上建筑的使用情况，现在还有许多问题没有完全搞清楚。但比较确定的是，战国中晚期的三晋、中山一带，在高大的方形封土之上建造享堂已经成了一种很重要的定制。如中山王墓封土上面，第一级有卵石铺的散水，第二级有壁柱及柱础的遗迹，第三级则有叠压成鱼鳞状的瓦片堆积，经研究，是一座周绕回廊、上覆瓦顶的三层台榭式建筑。尤为珍贵的是中山王墓出土了一件兆域图铜板，上面用金银镶错出中山王陵，即兆域的平面图，并注有各部位的名称、尺寸。在图中，长方形丘坪之上整齐地排列着五个享堂，从而证实了封土上面建筑的存在；河南辉县固围村的三座战国中期的魏国陵墓，是已知规格最高的魏国陵墓，可能是魏国王陵，其墓上部分与中山王墓相似。三座大墓横向排列，形制相仿，中间的一座较大，其墓坑上口夯土筑实至地面以上，形成高0.5米的台基，包括砾石、散水在内长26米、宽25米，比墓室尺寸的长20米、宽18米大出一圈。台基上有石柱础，根据推测，当是一座七开间的覆盖着瓦顶的宏伟享堂建筑；再如赵都邯郸西北发现的可能是赵王陵的墓地，形制也很相似。根据调查，周窑村附近的一处陵台长185米，宽85米，周围有陵垣的残迹，约500米见方。陵台中部及台后都有封土，台后的封土上有较多的板瓦和筒瓦，可能也曾在上面建有享堂。

上述的这几例表明，封土之上建造享堂绝不是个别孤立的现象，而是一种比较固定的形制，至少在三晋及中山地区曾经非常流行。这种形制的意义非常巨大，它开创了后来秦汉陵制方上之制的先河。后来秦代、西汉以高大人工夯筑陵体为中心，四面设陵垣和门，陵体上置祭祀建筑等，显然是受了战国中晚期陵墓制度的影响。

此外，春秋时期还有地面不起坟丘，就直接在墓上建造祭祀建筑的做法。例如秦公1号大墓与周围的大墓都没有坟丘的痕迹，但1号大墓在墓室与前墓道（即东墓道）连接的部位却清理出一排柱洞，且发现有相互叠

| 妇好墓墓坑遗址 |

△ 妇好墓虽然墓室不大，但保存完好，随葬品极为丰富，随葬品不仅数量巨大，种类丰富，而且造型新颖，工艺精湛，堪称国之瑰宝，充分反映了商代高度发达的手工业制造水平。

压的板瓦和排水管道，明显是大建筑物的残迹。这说明上面的地面标志曾是享堂。这种做法最早见于商代殷墟的妇好墓，比较古老。而春秋中晚期还保留着这种商代陵墓制度的遗风，也许在当时是一种地方性的做法。

墓室建筑如何能坚固耐久，历来是陵墓建筑的一个大问题，因为这关系到君王和贵族们死后尸体能否长久。有关春秋战国时期陵墓的文献和考古发掘都说明，这个问题在当时就已经有了比较成熟的解决方法。《吕氏春秋・节丧》中就说："题凑之室，棺椁数袭，积石积炭以环其外。"题凑，是指用方木复垒，其头部相聚，四面之木头均作相同状，实际上也是一种木椁，只是一般位于普通的木椁之外，形式特别一些而已。这段话的意思是，在题凑室内放置数重棺椁，在墓室外层积石积炭，起防水和防护作用。

从考古发现的情况来看，这种做法在当时确是非常普遍的，而且不仅仅题凑之室是如此。如河南辉县固围村的二座魏国大基，中间最大一座的基室的构筑方法，就是先在墓坑底部铺毛石，再用木坊垒筑几近方形的椁室，棺外椁内填塞木炭，椁室两侧和临近两墓道处，以巨石砌墙，墙内填充细沙，最后填土夯实；又如中山王墓，题凑已只剩木炭，但木椁室外积石积炭尚存，积石厚达 2 米。6 号墓积石更厚达 3 米左右。湖北随州的曾侯乙墓代表了南方楚文化圈内陵墓建筑技术的水平，它的防水防潮处理更加考究：在木椁室四周与墓坑壁之间 20 ～ 70 厘米宽的空隙处填木炭，椁顶铺 10 ～ 30 厘米厚的木炭并夯实，发掘中共取出顶部的木炭达 3.15 万多千克，如果加上四周木炭的话，总重量估计在 6 万千克以上。木炭之上有 10 ～ 30 厘米厚的青膏泥；其上是黄褐土和青灰泥相间叠压，层层夯实，厚 2.5 米；再上面则整个墓坑铺满一层略做加工的石板，形状大小各不相同，每块重约千斤；石板上面填土，亦层层夯实。正是因为有这样的严密的防护措施，这座墓才能保持得异常完好。此外，1964 年发掘的燕下都 16 号墓，处理方法也比较特别。墓室四壁采取的是填土夯筑，再加以火烧的方式加固。这主要是因为这里土质多沙，松散易塌。墓室下部的二层平台则以白灰、蚌壳筑成，非常坚硬。上面这些事例都说明，春秋战国时期陵墓建筑的技术也曾经达到过相当高的水平。

第二节

中山王陵

>>>

中山国是鲜虞族的国家，在战国时期曾是一个非常重要的诸侯国。然而史书上对它的记录很少，所以后人对它一直不甚了解。1974 年以来，考古工作者在河北省平山县原三汲公社进行调查发掘，发现了中山国都灵寿城址和中山王墓，使我们对中山国的建筑文化有了比较深刻的认识。其中，中山王譽墓在建筑史上的地位尤其重要，它不仅提供了一个完整的战国时期王陵的实例，而且还保留下来记录王陵平面的兆域图，从而将我们对于战国陵墓的研究向前大大地推进了一步。

中山国都灵寿故城的城址位于原三汲公社的东灵山下，南北长约 4 000 米，东西宽 2 000 米以上。在城内外，分布着两处中山国的陵墓，一处在城内西北部，主要是三座大墓，其最南的一座，即 6 号墓旁，又有三座中型墓；另一处在城外西北 2 千米的高地上，有 1 号、2 号两座大墓左右并排。两处墓地共葬有三个中山国君。上述的 1 号墓和 6 号墓已经发掘，可以确定都是王陵，其中 1 号墓就是中山王譽的陵墓，时间可能在前 308 之后不久。6 号墓的年代则略早于 1 号墓。

1 号墓是一座中字形大墓，墓侧有六座陪葬墓、两个车马坑，还有杂葬坑、船坑各一。墓室平面 29 米见方，有南北墓道，通长 110 米，墓室深 5.7 米，内壁有白粉涂饰。墓室可以分为椁室、东库、西库和东北库四个部分。墓室的中央是椁室，平面方形，长 14.9 米，宽 13.5 米。椁外积石积炭，椁室早年曾被盗，著名的错金银兆域图铜板就是在这里发现的。椁室的两侧是三个器物坑，即东库、西库和东北库，内部都有木椁结构。东、西两库曾出土大量精美器物，其中三件上面都刻有长篇铭文。1 号墓就是据此判断为中山王譽的陵墓的，因此其年代也判断为前 308 后不久。

墓上有夯筑而成的高大封土，平面呈方形，南北长 110 米，东西宽

春秋铜镇墓兽座

镇墓兽是我国古代墓葬中常见的一种怪兽，古代人们想象中的驱邪镇恶之神，人们将它塑造成狰狞凶恶的形象，有兽面、人面，鹿角，外形抽象，构思谲诡奇特，形象恐怖怪诞，具有强烈的神秘意味和浓厚的巫术神话色彩。

92米，高出地面15米。封土由下而上可以分成三层台阶，第一层台阶夯层较厚，在台阶内侧有散水，为砾石铺砌而成，宽1.1米；第二层台阶平面呈方形，边长52米，夯筑质量较好，夯层薄而坚硬，上面有回廊建筑遗迹；第三层台阶即中心夯土台，平面也是方形，边长44米。

经过专家的研究复原，现在我们对1号墓封土上面的建筑有了较多的理解。这曾经是一座以夯土台为中心的台榭建筑。这座建筑实际上只剩下了底层回廊的遗迹，其余部分的建筑形象和构造，我们通过结合发掘的实际情况、文献记载及其他战国时期台榭建筑的式样，可以大体加以推测。

1. 回廊

这座建筑的回廊建造在第二层台阶上。根据发掘简报可知，回廊的后壁即中心夯土台的台壁。直立的残壁表面系用草筋泥打底，澄浆细泥罩面，表面粉饰成白色。残壁上遗留有壁柱槽，下有暗础，埋深约20厘米，说明回廊有后壁柱。南廊壁柱的柱间距3.34米，东、西廊壁柱间距大约3.6米。回廊外有檐柱，和后壁柱相对应，距离3米，即回廊的进深为 3 米。檐柱下面也有暗础，埋深 20 米。檐柱以外即是台基边沿，水平间距约 1 米。现在台基每边回廊的间数已无法确知，但根据台基尺寸和回廊柱距可以大体推测出来。中心夯土台 44 米见方，加上两侧共有两个廊深，是 50 米，即回廊的通面阔是 50 米；回廊的开间尺寸虽然不一，但这只是个别数据，它只说明壁柱间距不完全相等。很可能战国时期都不太严格讲究柱廊间距一致。如果以 3.34 米和 3.6 米的平均值作为开间值来计算的话，那么每面回廊对应中心夯土台大约是 13 间，每间平均面宽 3.38 米。再加上回廊尽端各一间，则回廊共 15 间。在考古发掘中发现，台基上和散水上都堆积着瓦砾，西廊处呈鱼鳞叠压状，这说明上面曾建有瓦屋顶。参考战国铜器的台榭建筑形象，以及秦咸阳 1 号宫殿建筑遗址，这个位置的屋顶很可能是单面坡的瓦屋顶。

2. 回廊以上的部分

回廊以上由于遗址表面毁坏严重，已呈斜坡状，原来的台面和建筑遗迹都不复存在，所以只能大体推测其形象。

首行是台榭的层数。现在封土高 15 米，原来封土的实际高度可能还要高，底层回廊至台顶之间的高度是 8.56 米，这个高度完全有可能容得下第二层平台、回廊。考虑到夯土建筑的特点，如果坡度太陡则容易崩塌，可以推测享堂原来的外观应是三层楼阁，其中第二层平台和回廊的做法，很可能是后退至底层回廊后壁的位置，形成平台，上设栏杆。平台边沿以内，再设檐柱、回廊、壁柱，与底层回廊相同。屋顶的做法则如同秦都咸阳 1 号宫殿建筑 6 室的屋顶。这种做法在战国铜器上宫殿建筑形象中也可以找到。

享堂位于台顶部，其平面对应底层的回廊，也应是方形的。它的建筑形象最有可能接近的，是河南辉县赵固镇战国墓出土铜鉴上所刻画的建筑形象中的顶层建筑。从铜鉴上我们注意到，它所表现的这座台榭建筑也是三层，中心是夯土台，底层四周有回廊，整个台榭虽然夯土台只有一层，而且显然木构成分较多，如三层的楼层就画有梁的断面。但是，就建筑的整体来说，它所表现出的三层台榭的形象，是 1 号墓的地上建筑最有可能采用的。因此也可以推断，享堂有可能比较接近铜鉴上台榭的顶层建筑。具体来说，就是在平面中央设“都柱”，四周每面三间四柱，中间一间开间较大。堂外四面环绕回廊，回廊的柱子稍矮，单坡屋顶。整座享堂的屋顶是重檐四阿顶。

1号墓在考古上最重要的发现是兆域图铜板。这块铜板长94厘米，宽48厘米，厚约1厘米，背面有铜铺首一对，正面就是用金银镶错的兆域图，即中山国王、王后陵墓所在地——兆域的平面图。图中详细地注明了各个部位的名称、尺寸，以及说明各部位位置的文字，还有中山王的诏书。

在长方形（前侧缺两角）的丘坪上，整齐地一字排列着五个享堂。居中的是王堂，它两侧是王后堂和哀后堂，三者都是方66米，相距33米；位于两端的是夫人堂和另一座已无法辨认名称的堂，尺寸和等级稍逊，方500米，距后堂26米，平面位置较王堂、后堂也靠后一些。丘坪外环绕着内宫垣和中宫垣。前面的两道宫垣正中，正对着王堂各辟一门。后面的两道宫垣之间，依附着内宫垣，还建有四座平面33米见方的宫，其位置似乎是有意去对应王堂、后堂及夫人堂之间的空隙。

这显然就是《周礼·春官》中所说的："冢人掌公墓之地，辨其兆域而为之图"中的"图"。之前我们只知道修建公墓时有一定的规划，兆域图的出现，不仅使我们知道当时的规划已经能够反映到图面上，还让我们见到了实物。其意义是非常重大的。

将1号墓的发掘、考察结果对照兆域图，我们可以了解到关于中山王墓建设的比较全面的情况。

首先，中山王墓建设之前有完整的规划设计，而且要严格遵守执行。关于这一点，我们从兆域图上的诏书中可以找到根据。诏书称："王命赒为兆法阔狭小大之制，有事者官图之，进退违法者死无赦，不行王命者殃连子孙。其一从，其一藏府。"这段诏书的大概意思是，中山王譽命令司马赒制定兆域的规划，如果发生了问题，必须要由主管官员负责解决，违反制度者要处死。

司马赒所制定的规划，即"兆法阔狭小大之制"，就是被刻在了铜板之上的兆域图。这是中国现存最早的建筑平面图，它对于研究战国时期的陵墓制度，具有极为重要的学术价值。从诏书中我们还知道，当时一共制作了两块兆域图铜板，内容相同。其中一块从葬于中山王墓中，就是今天我们所能看到的这块。另外还有一块被收藏于官府中，可能在后来不久发生的中山国覆灭的过程中就已经毁掉了。

从实际测量到的 1 号墓的尺寸看，兆域图基本上是按照五百分之一的比例绘制的，与现代的建筑总平面图设计的习惯相同。这说明当时的规划设计，已经学会运用比较科学的方法，准确地表达设计意图。

其次，在 1 号墓的左右两侧应当还有王后墓、哀后墓和夫人墓等。我们已经知道，1 号墓就是中山王墓，其上的享堂就是王堂。按图中所示，王堂左右还有后堂、夫人堂，那么后墓、夫人墓也应在王墓左右相应的位置。然而遗址的现状却并非如此，只有 1 号墓和 2 号墓两座大墓东西并排。这究竟是怎么回事呢？从遗址的现状来看，王堂所在的 1 号墓在西，它的东侧是 2 号墓，墓上也有高大的封土，形状大小与 1 号墓封土相差不多，墓上也有建筑遗存，据称 2 号墓的回廊面积与 1 号墓相同，唯独回廊地面标高比 1 号墓稍低，相当于 1 号墓的散水标高，出土瓦件一般多为年代较早的战国小瓦、素面半圆瓦当。如此则不难判断 2 号墓就是哀后墓。根据研究，哀后早死，先于王譻下葬于兆域。至于兆域图中所示的王堂、后堂规模大小相同，看起来也并不意味着规格就完全相同。我们看到，在实施当中，二者还是有一定的等级差距的。只不过这种等级差距在当时可能有众所周知的某些表现方式，因而没有在图中特别注明而已。

由于 1 号墓和 2 号墓两边再也没有别的大墓，而根据史书上的记载，中山国的国势在王譻死后急转直下，只经过了大约 10 年的时间，就被赵国灭亡，时年为公元前 296 年，因此，我们大体可以推断，本来应该葬于此地的王后和夫人，因为国破家亡，而都未能进入兆域。所以也可以说，兆域图中所描绘的规划，是一个没有完全实现的规划。

第三，1 号墓和 2 号墓周围有宫垣以及附属建筑。考古发掘中虽然没有发现宫垣的遗迹，但兆域图表明，王堂的周围有内宫垣和中宫垣两道围墙。单从名称上看，当时可能还有外宫垣，即第三道围墙。只不过因为兆域图基本上是按比例绘制的，而外宫垣可能范围很大，所以没有在图中注明而已。关于这一点，由于中华人民共和国成立前曾在 1、2 号墓的东面大约 1 500 米处发现一块河光石，上面刻着文字，写着“监罟（音古）尤臣公乘得守丘，其齿将曼，敢谒后叔贤者”，意思是看守陵墓的叫作公乘得的人，因年龄已高，而敬告于后来者，所以姑且可以推测这就是外宫垣的位置。

附属建筑虽然也早已无迹可寻，但从兆域图可以知道，在内宫垣的北墙上，当时可能建有 4 个 33 米见方的庭院。里面建有小型建筑物，作用无非是收藏祭祀用品和死者遗物等。不过令人感到奇怪的是，从图上看，这四处附属建筑不仅在数量上，而且在位置上与五个享堂都不相对应。它们所处的位置倒是恰好对应着享堂之间的空隙。不知道这是偶然为之，还是有意安排成这样。

与 1 号墓一样，6 号墓也是经过发掘的中山王墓，但年代略早。与之并列的 3、4、5 号中型墓可能是王妃墓。

6 号墓形制与 1 号墓相同，也是一座中字形墓，封土和墓室均曾遭受破坏。其南北墓道全长 91 米，墓室东西壁上各有 6 个壁柱，南北壁上各有 4 个壁柱，将墓室四壁各划分为 5 间。这些壁柱并非结构所必需，如此的室内布置似乎是象征着地上的宫室建筑。这种做法在战国时代还是非常少见的。

第五章

建筑装饰、装修和色彩

5

建筑的装饰、装修和色彩，都属于建筑艺术加工的范畴。对于一个建筑物的美观来说，不仅要有从整体到局部的比例、尺寸的协调和均衡，合理的艺术加工也是必不可少的组成部分。

春秋战国时期，随着建筑技术水平和艺术加工水平的不断提高，以及诸侯日益竞相追求豪华奢侈的生活，建筑的装饰、装修和色彩有了很大的发展。可以说，后世比较成熟的建筑艺术加工体系中的大部分内容，在这一时期已经开始酝酿出现，有的方面甚至达到了比较高的水平。

春秋时期，在严格的礼制束缚下，建筑的装饰、装修和色彩的运用，更多地表现出等级差别。很多重要构件的加工形式、颜色等，都有严格的规定，任何等级的人都只能使用规定中该等级应有的雕饰、颜色等，否则就是僭越。例如，《左传·庄公二十三年》记载的鲁庄公“丹桓宫之楹而刻其桷”（意思是将桓宫的柱子漆成红色，在椽子上加以雕刻），《论语·公冶长》中记载的鲁国大夫臧文仲“山节藻棁”(意思是使用雕成山形的大斗和绘有藻纹的梁上短柱)。《礼记》中说：“山节藻棁……天子之庙饰也。”可见这是天子才能使用的装饰，都是不合礼法、应受指责的事情。不过这些事例也从侧面说明，在周天子地位一落千丈的春秋时期，诸侯、贵族们也开始摆脱礼制的约束，按照他们自己的喜好，享受华丽奢侈的宫殿和居室。

第一节 春秋战国时期的建筑特点

>>>

战国时期，诸侯不再顾忌礼制的制约，纷纷不遗余力地“高台榭，美宫室”。建筑的面貌变得越发华丽起来。不仅文献上屡有关于战国建筑装饰得富丽堂皇的描写，从现在了解到的战国时期的建筑形象，以及一些战国建筑遗存来看更是如此。古拙质朴的斗拱、模印的大型方砖、式样各异的瓦当、精美绝伦的铜铺首、虎头型排水管、色彩斑斓的壁画，无不向我们展现着战国建筑曾有过的绚丽和华美。

正是在春秋战国这样一个百花齐放的时代，工匠们将他们的聪明才智充分发挥出来，在各个方面尝试着各种各样建筑艺术加工的可能性，从而为形成中国古典建筑艺术的特征奠定了坚实的基础。下面我们将从木构架、台基、屋顶、门窗和油漆、壁画等几个方面来了解春秋战国时期建筑装饰、装修和色彩的发展水平。

中国传统的木构架建筑体系，在春秋战国时期还很不成熟，远没有达到定型的程度。但是围绕着这一体系的艺术加工，这时候却早已出现了，其最主要的表现就是斗拱的大量使用。斗拱是中国传统木构架建筑中独特的构件，它由方形的斗、升和矩形的拱及斜的昂组成。它的结构作用是显而易见的，即出挑承重，将屋檐的重量传递到下面的立柱上去。它同时还具有一定的装饰作用，它是屋顶与屋身在立面上的过渡。斗拱的出现是建筑发展到一定的水平之后，开始比较注重建筑艺术处理的产物。西周时期的铜器上就已经有了柱头坐斗的形象，说明当时的木构架中已相应演变出了斗拱的雏形。春秋战国时期的重要建筑物上，斗拱已十分常见。文献中所说的“山节藻棁”，说明春秋时柱头上的大斗已有了一定的艺术处理。战国时期的许多器物上表现的建筑形象中都有斗拱。如故宫博物院所藏的采桑猎钫上的建筑，每个立柱的柱头上都有斗拱承枋，枋上还有平座斗拱。

春秋战国时期的斗拱构造还比较简单，不像后来发展得非常完善、成熟的斗拱那样，成为烦琐复杂的一组。但这时斗拱的形式已经很多，使用也相当自如。例如 20 世纪 50 年代在河南省陕县（今属三门峡市）出土的一件春秋战国时期的刻纹铜匜，上面刻画出一斗三升承托高台建筑的形象。虽然这种做法未必属实，但至少能够表明一斗三升的斗拱在当时已经得到运用。而且，其形象与汉代常见的一斗三升非常相似，说明这种形式当时已发展得比较完善，以至于后来又经过了数百年，仍没有发生什么大的变化。中山王墓出土的一件战国中、晚期的四龙四凤方形案几表明，当时已有了插拱、抹角拱等特殊的斗拱。这件铜质的方案以四龙四凤盘成座，在四面转角处各以龙头承托圆形蜀柱，上置栌斗，斗上承 45 度斜置的抹角拱。拱的两端，又各以圆形蜀柱承散斗，斗上承枋。由四角斜伸出的龙头，实际上相当于从角柱斜向上挑出的插拱；而在插拱上立蜀柱、栌斗承抹角拱，抹角拱上又蜀柱、栌斗承枋的做法，我们可以从东汉明器中找到几乎完全相同的实例。如河南灵宝出土的东汉陶楼上就有这种做法。此外，就斗拱的细部构造来说，斗下有欹，有的还有皿板，表明当时对于斗拱的形式已经推敲得比较深入细致。

上面这两个例子都说明，春秋战国时期斗拱的艺术加工，已经有了一整套相对而言比较完善的做法，初步形成了斗拱的一些基本特点。在此基础上，还开始探索在转角这种复杂部位使用斗拱的技巧，从而为后世发展出完善合理的转角斗拱提供了可贵的经验。其中插拱这种特殊的做法，由于在实际应用中具有高度的灵活性，甚至一直到近代，还仍然在一些地方建筑中继续沿用。

战国燕双龙相交星象图砖

除了斗拱以外，木构架中的其他部位也都有相应的形式处理和艺术加工。例如《国语》中有“赵文子为室，斫其椽而砻之”的记载，意思是把椽子削平、打磨。文中还提到只有天子之室才可以如此，诸侯只可将椽子打磨，大夫只能将椽子削平。这也反映出在春秋时期对于椽子的艺术处理，绝非可有可无、随随便便的事，其重要性已经到了需要被赋予一定礼制内容的程度，不同的加工处理也体现着等级森严的秩序。至于其他柱、梁等大木构件，虽然由于种种原因，现在还不十分清楚有何种艺术加工形式，但通过其重要性大大超过椽子来判断，当时也断然不会不加以任何艺术处理的。

台基是建筑物的一个重要的组成部分。春秋战国时期盛行高台建筑，因此台基的形象显得尤其重要。从上海博物馆收藏的一件战国铜杯上的建筑形象中我们看到，高大的台基上部，仿佛是错砌着不同颜色的条砖，如同唐代壁画中常见的台基砌筑形式。在台基的两边和中部，又有砌成的角柱和间柱。考虑到春秋战国时台基都是夯土筑成，为了防止因雨水冲刷而导致的坍塌，在台基表面，特别是靠近台面的台基上部，应当包砌一层砖;石加以防护。所以错砌不同颜色的条砖、条石，以及砌成角柱、间柱等既美观、又非常实用的方式，很可能是当时台基所采取的艺术处理。

台基上栏杆的形象已不多见。位于河北省易县的燕下都故城曾出土陶制栏杆砖，纹样有山字形及方格者。春秋战国时期铺地砖的种类非常繁多。除了素面砖外，还有米字纹、太阳纹、绳纹、回纹等多种纹样的铺地砖。边长尺寸一般在 35 ～ 45 厘米。此外，还有专门用于砌筑踏步的空心砖，一般为长方形，纹样则有龙纹、凤纹、几何纹等不同种类。

第二节
瓦 当

>>>

对于瓦屋顶的建筑来说，瓦件的形象在很大程度上决定了建筑物的形象。春秋战国时期，建筑上的一个重要发展就是瓦的普遍推广使用。瓦出现于西周早期，当时因数量少而可能只是用于屋脊和屋檐。西周中晚期瓦的数量比较多了，有的屋顶已经全部铺瓦。春秋战国时期瓦已经普遍应用于宫殿建筑的屋顶。就瓦的种类来说，主要是板瓦和筒瓦，用于檐部的筒瓦的瓦头上还带有瓦当。筒瓦、板瓦主要是覆盖在屋顶和屋脊上，因此，瓦面上的纹样不是很丰富，主要是绳纹等比较简单的纹样，在整个春秋战国时期纹样的变化也不是非常明显。瓦当作为筒瓦的瓦头部分用于檐部，既可以遮住椽头，使之免受风吹雨打，延长寿命，同时又处于立面的重要部分，极富表现力，因而瓦当在春秋战国时期都是被重点装饰的部位。其装饰纹样也非常丰富，并且经过了很长时间的发展演变过程。

从形制来看，最早的瓦当都是半圆形的，大约出现于西周中期。后来到战国时期，出现了圆形瓦当。由半圆形瓦当到圆形瓦当的形制上的变化，是一个非常积极的变化。因为半圆形瓦当虽然便于加工制作，但是遮挡椽头并不严密，而且装饰纹样所受局限较多，美观上也大打折

战国燕国瓦当

扣；而圆形瓦当一方面在功能上大有改进，既便于束水，遮挡椽头又比较严密，另一方面也更加美观，从而为瓦当装饰纹样的进一步丰富创造了条件。不过在战国时期圆形瓦当和半圆形瓦当还是同时存在的，直到西汉中期以后，圆形瓦当才彻底取代了半圆形瓦当。

瓦当装饰纹样之丰富，已被近年来考古发现证实。对比各国瓦当之后又可以发现，其纹样各不相同，表现出强烈的地方特色。其中，齐、燕、秦三国的瓦当近年来发现数量较多，研究也比较全面深入。

齐国的瓦当从形制看，有半圆形和圆形两种。表面形态则有素面、花纹、文字瓦当三种。花纹瓦当既有圆形又有半圆形，纹样最为丰富。就题材内容来说，主要是以抽象化的树木、云纹、箭纹等现实题材构成的抽象的生活画；还有用几何线条构成的纯粹的图案；及以树木为主，搭配双马、双虎、双蜥蜴、双鸟、双骑等的现实生活画面。种类非常繁多，其中尤以反映现实生活，以写实手法创造的图案最为生动、自然，生机勃勃。

从花纹瓦当的构图来看，占半圆形瓦当大多数的树木纹瓦当，都采取中轴对称的方式，其余半圆形瓦当还有自由布置、半圆辐射等方式。圆形瓦当的构图更加多样，有三分圆面、四分圆面、辐射型、自由布置、半圆合璧等多种类型。从齐国瓦当出现的年代来看，大体上是半圆形瓦当较早于圆形瓦当；素面瓦当和树木双兽纹半圆瓦当比其他花纹的

战国双虎纹瓦当

瓦当早些。文字瓦当数量较少，但也有圆瓦当和半圆瓦当。圆瓦当上常见的是“千秋万岁”“万岁未央”“万岁无极”“长乐富贵”“大吉宜官”等吉祥用语；半圆瓦当上常有“天齐”“万岁”“延年”“富贵”“千万”“未央”等。这些文字大多为隶书，字体凸出，笔画硬朗，非常庄重优美。

燕下都的瓦当，不像齐都临淄所见的半圆瓦当和圆瓦当并存，而是只有半圆形瓦当。除了素面外，纹样有饕餮纹、双螭双龙纹、双鸟卷云纹、双兽纹、山云纹、树木卷云纹、窗棂纹等七大类。其中主题花纹往往是饕餮纹、双兽纹、双鸟纹，与齐国瓦当以树木卷云纹、树木双兽纹、树木箭头纹为主题纹，树木居于中心，而双兽、双鸟往往只在两旁作为陪衬的形式有很大不同。此外，齐国瓦当中常见的树木纹、树木卷云纹、树木双兽纹等，在燕下都瓦当中也极为少见。

秦国的瓦当也有半圆瓦当和圆瓦当。春秋时的瓦当主要是素面半圆形和绳纹半圆形瓦当，战国时的瓦当主要是圆形瓦当。就题材和内容来说，在战国早期，主要是取材于自然的、写实性很强的动物纹、植物纹，如麋鹿、犬、獾、虎、马及各种鸟、叶纹等，图案相当生动，艺术成就很高；到了战国晚期，则渐渐以规范化、图案化的动物纹、植物纹和云纹为主，形式比较僵化呆板，没有了战国早期纹样那种旺盛的生命力，与后来秦汉时代程式化的瓦当已无太大区别。

除齐、燕、秦三国瓦当以外，各地出土的其他各国的瓦当也有相当数量，并表现出与众不同的特点。如在东周王城故址的东南部，曾出土大量半圆瓦当，纹样都是规矩的饕餮纹、云纹。郑韩故城内的宫殿区曾出土圆形瓦当，纹样为中心对称的四个叶瓣。

总的来看，春秋战国时期的瓦当形式多样，内容丰富，而在整体上又非常协调、统一，具有独特的艺术风格和很高的艺术水平。其艺术成就在当时所有的建筑装饰形式中，是最为突出的。而这种将功能性和观赏性融为一体的做法，也反映出鲜明的中国传统建筑装饰艺术的特色。

第三节
建筑装饰与壁画

>>>

建筑的室内装修，主要包括门窗、装饰构件、家具陈设等内容。出土于江苏、现藏故宫博物院的采桑猎钫土，有双扇版门的形象，门扇划分成大小相同的两格，与西周青铜器兽足方鬲下部的双扇版门非常相似。这说明春秋战国时门窗基本沿用了西周时期的式样和做法，没有发生太多的变化。

建筑物的室内还有很多金属的构件，大多是用铜制作的，如用于门上的铺首、套在木构梁枋上的饰件等。关于这一点，我们只要对比一下同时期墓葬、器物上都大量使用铜饰物就可以想象。使用铜质构件，主要是因为铜的色泽较好，而且当时已经很好地掌握了铜器的加工技术。1966 年，在燕下都老姥台以东 170 米处，就曾出土过一件制作得非常精美的铜铺首，高 74.5 厘米，饰有龙、凤、蛇、饕餮等形象。饕餮巨目宽眉，尖齿上卷，锯齿形鼻，口角两边有胡须；饕餮的额上端立一凤，翘首展翅，张口瞪眼，双爪粗壮有力，各蹬住一条蛇；两蛇则缠绕于凤的左右，双首相向，做挣扎状；铺首的两侧和饕餮口中的衔环上，又有四条龙上下盘绕。整个铺首制作得极为精巧生动。

建筑物的梁枋上还有套铜饰的做法。20 世纪 70 年代在陕西凤翔县姚家岗，曾发现三坑春秋时期的青铜建筑饰件，共 64 件。它们大多呈锯齿形，饰有蟠虺纹，有的上面还有凿出的钉眼，器内留有朽木。这表明它们多数都是套在梁枋上的铜饰件。只有两件小拐头，因为尺寸较小，推测可能是门窗上的饰件。根据研究，这些铜饰件应该就是汉代文献中所说的"金釭"；至于后世施加在梁架上的彩画取代了"金釭"，而彩画箍头的式样呈锯齿形，多少就是出于对"金釭"特点的模仿。

在建筑物上通过粉刷、油漆等手段适当运用色彩，一方面可以起到加强艺术效果的作用，另一方面也可以起到保护建筑物的作用。因此，色彩也是建筑艺术加工的重要内容之一。不仅如此，在古代社会里，色彩往往和社会上的等级制度联系起来。在周朝时，建筑物重要部位的颜色都被赋予一定的含义，代表着等级高低。比如周朝以青、赤、黄、白、黑五色为正色，而以红色最高贵。所以《礼记》中就有这样的规定："楹，天子丹，诸侯黝，大夫苍，士黈"。而事实上不仅柱子，周天子宫殿中，包括墙、台基和一些用具在内的许多东西都要涂成红色。春秋时期，诸侯国的建筑用色大都遵循着西周制定的规矩，以至于后来鲁庄公将桓台的柱子涂成红色，就遭到谴责。

战国时期建筑上的设色可能要自由些，发掘资料表明，秦咸阳宫室地面已有涂成朱红的做法。不过从秦、中山发现的高台建筑残墙的颜色看，似乎还是以白色为主。

壁画应用于建筑早已有之。商纣王时就已有宫墙文画。周朝在明堂里也设有大型壁画。据《孔子家语》记载，孔子曾到明堂去参观，"睹四门牖，有尧舜之容、桀纣之象，而各有善恶之状、兴废之诫焉。又有周公相成王，抱之负斧扆，南面以朝诸侯之图焉。"这说明西周时的壁画在内容上，已有人物画和反映国家兴衰的历史题材画。

春秋战国时期，壁画大量使用于宗庙、宫殿中，题材非常广泛自由。如战国时屈原见到了楚先王庙中的壁画，便在《天问》中对那些宣扬奴隶主观念的图画有感而发，提出了一系列的怀疑。对此，汉代王逸曾说："屈原放逐，忧心愁悴，彷徨山泽，经历陵陆，嗟号昊旻，仰天叹息。见楚有先王之庙及公卿祠堂，图画天地、山川、神灵、琦玮儒佹，及古贤圣、怪物行事，周流罢倦，休息其下，仰见图画，因书其壁。何而问之，以渫愤懑，舒泻愁思。"王逸的记载，说明楚先王庙中壁画的内容主要是天地、山川、神灵及古贤圣、怪物行事。这一类的内容，带有浓厚的神秘色彩，与当时楚国的艺术特征非常吻合。

壁画的实物现已极为少见。近年来在秦都咸阳第1号宫殿建筑遗址中发现的秦国壁画残片，和第3号宫殿建筑遗址中发现的保存较为完整的秦代建筑壁画，为我们了解春秋战国时期的壁画艺术提供了宝贵的实物资料。

咸阳第1号宫殿建筑遗址中的壁画，现已出土残块440多块，最大的长37厘米，宽25厘米。画面虽然已经很难辨认，但从残片的颜色看，有黑、赭、黄、大红、朱红、石青、石绿等。

第3号宫殿建筑遗址虽然有被大火焚毁的痕迹，而且有的地方壁画因此脱落，但是在廊东西两壁，还是发现了保存比较完整的长卷轴式壁画。东壁现存共有九间，除三间的墙体毁坏严重，未见壁画外，其余六间都有壁画。其内容有车马图、仪仗图、麦穗图，而以仪仗图为主。西壁与东壁相对应，有五间壁画尚存。现存内容有车马图、建筑图、麦穗图，而以麦穗图为中心。除了东西两壁外，在遗址第三层倒塌建筑的堆积中，还出土了一些壁画残块，其中有人物图案、植物图案和几何纹图案。

从这些壁画的题材内容看，主要反映的是现实生活，其构图并不十分讲究对称和布局，而是根据需要灵活地安排画面。这与后来汉代壁画、画像砖、画像石等多采用现实主义手法，或许有一定的渊源关系。

在表现手法上看，第3号宫殿建筑遗址中的壁画，多使用线描作为塑造形象的主要手段，从而使画面既生动流畅，又古朴浑厚。

从颜色上看，这些壁画使用的主要是矿物颜料，如朱砂、石绿、石黄、赭石等。用色时以平涂为主，局部也有进行渲染的。

应当特别指出的是，第3号宫殿建筑遗址中的壁画，虽然在年代上属于秦代，但是考虑到秦代与春秋战国之间无论在时间上，还是在文化上都有着极为紧密的传承关系，因此我们也可以说，它也能够充分反映出春秋战国时期壁画的特点来。

第六章

雕塑艺术

6

第一节 雕塑情况的概述

春秋战国时期，在中国古代雕塑艺术的发展过程中是一个相当重要的时期。它是继商代之后又一个雕塑艺术繁荣发展的时期。这一时期的雕塑艺术，在继承了商代、西周以来雕塑艺术传统的基础上，逐步完善、成熟起来，取得了许多令人瞩目的成就。

首先，雕塑艺术已经不再局限于只是单纯的工艺装饰，开始走上独立发展的道路。我们知道，商代、西周雕塑艺术品中数量最多、成绩也最为卓著的就是青铜工艺雕塑。然而那时的青铜雕塑，却并非独立的供人欣赏的艺术品，而是在性质上依附于青铜礼器或者实用青铜

春秋牺尊

春秋牺尊是春秋晚期的青铜器，此尊纹饰华丽繁缛，构图新颖，牛首、颈、身、腿等部位装饰有以盘绕回旋的龙蛇纹组成的兽面纹，现收藏于上海博物馆。

器物，如食器、兵器、乐器、工具、车马器具等的具有雕塑造型的艺术品。此外玉、石雕刻，也多为附属性饰品或观赏性的小品之类，属于工艺品的性质。这一方面说明早期的雕塑艺术尚未脱离工艺美术的范围，需要与工艺美术相结合才能存在、发展，另一方面也表明，中国古代的雕塑艺术很早就已形成了将观赏性与实用性融为一体的优良传统。

到了春秋战国时期，建筑上的装饰性雕塑和明器雕塑都有了很大发展，从而突破了原来雕塑只是单纯工艺装饰的局限。其中，以俑为代表的明器雕塑，作为独立形式的雕塑，与建筑上的装饰性雕塑和工艺装饰性的雕塑，已经有了本质的区别。虽然这类雕塑在表现人物和动物形象时，多数作品还不够生动、完美，但是毕竟在直接反映社会生活和表现现实中的人物、动物形象方面迈进了一大步。

其次，从内容上看，雕塑作品在反映社会生活的深度和广度方面都有很大发展。商代、西周的雕塑，多是作为礼器存在的，因此作品比较注重精神上的意义。在刻画人物形象时，往往注重的是表现共性，而不

大强调个性特征的表现，所以形象都比较单一，极少能反映出当时的社会生活。而到了春秋战国时期，随着社会的发展进步以及思想的解放，人的主体意识逐渐觉醒，反映在雕塑作品中，则表现为人物的形象大为丰富多彩。不仅数量众多，而且形象的种类也很繁多，有武士、乐伎、贵族、舞女、侍从等不同社会地位的多种人物，几乎囊括了当时社会的各阶层。这些人物的刻画非常写实，容貌各不相同，栩栩如生，还时常能够细致入微地表现出人物的性格特征与心理活动，手法非常高超。这些表明，春秋战国时期的雕塑，在塑造人物形象时，正在逐渐摆脱传统工艺品那种程式化的表现手法，更加注重对现实生活的观察和表现，因而作品也更加接近现实生活，在反映社会生活的广泛程度上大大地前进了一步。

在春秋战国时期，还出现了以特定生活场景为主题的雕塑。如1981年在浙江绍兴坡塘出土、现藏于浙江省博物馆的战国早期的“伎乐铜屋”，塑造了一座三开间的铜屋，四角攒尖屋顶，屋顶上面正中还耸立一根八角形柱，柱上站着一只大鸟；屋内有六个裸体的乐伎，分成前后两排跪在地上，上身挺直，前排左侧一人击鼓，另两人束发，胸部有乳突，将双手交叉放在腹部，张大嘴巴做演唱状，可能是女歌手；后排三人则各持琴、笙等乐器演奏。据推测，这件雕塑可能表现的是古代越族人举行某种宗教仪式时的情景。

1972年云南省江川县李家山出土、现藏于云南省博物馆的几件战国时期的青铜扣饰，则非常真实生动地刻画了古代滇人祭祀、生产、狩猎等活动。例如其中的祭祀人物扣饰，描绘的是一次献祭的场景：有一赤身男子正被另一人往献祭柱上捆绑，还有两人正驱赶一头牛前来，牛角上倒悬着一个儿童，将奴隶社会杀牲献祭的残酷性，刻画得淋漓尽致；二人猎猪扣饰，则表现了两个猎人与一只野猪的殊死搏斗，狂怒的野猪拦腰咬住一个猎人，獠牙已穿透皮肤，猎人双手抱住身前的猎犬，正在做拼命挣扎，另一个猎人在野猪身后使出全身的力气，将短剑刺入野猪的后背，还有一只猎犬，在野猪身下，猛咬野猪的腹部，情景异常紧张激烈。

第三，雕塑作品的艺术风格更加平实，更富有现实主义色彩。作品的艺术风格，往往真实地反映着时代的精神风尚和审美取向。商代尚处于残酷的奴隶社会，奴隶主拥有至高无上的统治权威，加之社会上流行鬼神迷信，注重占卜、巫术，因此，商代的雕塑大都弥漫着一种神秘、恐怖的气息。西周吸取了商朝灭亡的教训，试图通过礼乐制度来巩固政权，维护统治，因此，比较强调伦理和秩序，反映在雕塑的风格上，则明显比商代雕塑增加了理性的成分，而显得较为庄重。到了春秋战国时期随着经济的发展，社会制度的变革，各种社会思潮空前活跃，文化艺术也得到了飞跃发展，人的价值被发现了，反映在雕塑艺术的创作上，则一扫从前的神秘、凝重，变得清新自然，活泼生动，富有现实主义气息。进入春秋中、晚期以后，特别是到了战国时期，由于雕塑艺术加工水平的提高，以及诸侯、贵族开始追求豪华奢侈的生活，雕塑艺术中还出现了讲求繁缛华美、细腻绚丽的倾向，非常富有浪漫主义气息。

第四，春秋战国时期的雕塑，在材料和加工工艺和塑造手法方面也取得了极高的成就。商代、西周的雕塑所使用的材料，主要是青铜、玉、石，也有陶、骨、象牙、蚌等。春秋战国时期的雕塑所使用的材料

战国人形铜灯

人形铜灯为一个身穿短衣的男子双手各擎着一个带有盘柄的灯盏，盘柄呈弯曲带叶的竹节形状，灯盏下面的子母榫口与盘柄插合，可根据需要随意拆卸，铜人脚下为弯曲的盘龙形圆盘，构造十分精巧。

更加广泛，除了商代、西周常用的材料外，还广泛地使用金、银、铅、木等。不仅如此，在各种材料之间，还有同时利用两种或更多材料进行创作的趋势。如 1976 年，在河北省平山县中山王譽墓出土的战国中、晚期的银首人形灯，持灯铜人的头部就是银制的，且眼睛用黑宝石镶嵌，人物形象非常华丽生动。在中山王墓以及安徽、河南、陕西等地出土的许多错金银雕塑，则通过镶错技术，将金、银这两种金属材料与青铜完美地融为一体，有的还嵌有绿松石，形成精巧细腻的装饰花纹。如 1965 年在江苏省涟水县三里墩西汉墓出土、现藏于南京博物院的战国中、晚期错金银嵌绿松石铜牺尊，就是此类作品的代表作。

雕塑加工的工艺水平也有了飞跃性的提高。这主要表现在青铜工艺雕塑上面。由于商代和西周青铜器的铸造，大体上是以预制好的分块陶质范模组成整体，再将按一定比例混合的铜锡混合溶液注入陶范而成，所以雕塑的造型和纹饰全都要在陶范上完成，雕塑的创作因此就要受到一定的限制。春秋中期以后，青铜铸造工艺水平有了相当大的进步，出现了焊接技术、失蜡溶模工艺、镶错线刻工艺。通过焊接技术，可以将制作精细的雕饰附件与主体分开制模加工，完成后再用合金焊接到主体器物上去；失蜡法可以铸造形体高度复杂、精细的器物。如 1978 年在湖北省随县擂鼓墩出土、现藏于湖北省博物馆的战国青铜曾侯尊盘，上有立体镂空的蟠螭纹、蟠虺纹透雕，无比细腻烦琐，整件器物就是用失蜡法铸造而成；镶错工艺可以用金银或纯铜在青铜器表面镶嵌成花纹；线刻工艺可以通过锐利的刀锋，在铸好的铜器上面刻画细如发丝的画像、图案。上面所说的这些技术上的进步，使青铜工艺雕塑在造型上和装饰纹样上，都有了更大的自由发挥的空间，从而大大地增强了青铜工艺雕塑的艺术表现力。

就塑造手法来说，春秋战国时期的雕塑往往综合运用圆雕、浮雕和透雕来塑造艺术形象。在此基础上，又运用镶错、线刻的方法以线条进行勾勒和刻画，以加强形象的艺术表现力。对于木雕来说，在造型的基础上，还往往施以彩绘、油漆，甚至丝绸、毛发等现实生活中的真实物品，使作品更加生动逼真。

春秋战国时期雕塑艺术的成就，与当时手工业的发展是分不开的。

早在商代，手工业就已经非常发达，殷墟就有铜工、石工、玉工、骨工等场所，当时有专门负责手工业等活动的“百工”，他们驱使奴隶工匠，为奴隶主和商王制造雕塑工艺品。西周的手工业在商代的基础上继续发展，当时手工业主要由官府经营，所以有“工商食官”的说法。周朝的手工业分工很细致，按《周礼·考工记》的记载，当时“凡攻木之工七，攻金之工六，攻皮之工五，设色之工五，刮摩之工五，抟埴之工二”。东周时还出现了民间手工业。可以说正是发达的手工业生产，才造就了春秋战国时期辉煌灿烂的雕塑艺术。

春秋战国时期还没有出现系统的雕塑理论，但是，在当时大量艺术实践的基础上，有人已经开始注意总结这方面的经验。比如对于木雕人物，《韩非子·说林》中曾引用桓赫的话说：“刻削之道，鼻莫如大，目莫如小。鼻大可小，小不可大也；目小可大，大不可小也。”这话虽不是直接谈论雕刻的，只是拿它来打比方，但其中所包含的道理，却是千真万确的经验之谈。

下面我们将分别从工艺雕塑、明器雕塑和建筑上的装饰性雕塑这三个方面来了解春秋战国时期雕塑艺术的成就。

第二节 工艺雕塑、明器雕塑和建筑装饰雕塑

>>>

一、工艺雕塑

1. 青铜工艺雕塑

春秋战国时期的青铜工艺雕塑，大体上有三种类型，即青铜鸟兽形器、青铜器上的立体雕饰和独立的青铜雕塑。

青铜鸟兽形器。青铜工艺雕塑是指用鸟兽形象作为造型的青铜器。

象 尊

这种器物将雕塑艺术造型与实用功能完美地结合起来，既有实用性，又是一件动物形象的雕塑，在实用的前提下，非常生动地表现出鸟兽的特点，从而为我们展示出古代匠师在塑造形象上的高度写实才能。商代就已经有许多精美的青铜鸟兽形器，如象尊、牛尊、羊尊、鸮尊、犀尊、豕尊、豕卣等。一般来说，装饰纹样都异常华丽、细密，有的还全身布满浮雕，风格神秘怪异。从总体造型来看，这些动物形象却又非常生动写实。如1975年在湖南省醴陵市狮形山出土、现藏于湖南省博物馆的商代后期的一件象尊，就是典型的集华美装饰纹样、浮雕和朴实的造型于一体的雕塑艺术精品。

西周时，青铜鸟兽形器的动物形象更加丰富了，还出现了驹尊、虎尊、鸟尊、鸭尊、鸳鸯尊等。器身上的装饰纹样大为简化，变得疏朗起来，风格较为凝重古朴。1955年在陕西省眉县李村出土、现藏于中国历史博物馆的一件西周中期的驹尊，除腰部两侧有圆形葵纹雕饰外，全身平滑无纹饰，然而马驹的形象塑造得非常天真可爱，说明西周时的写实水平还是相当高的。

春秋时期，青铜鸟兽形器基本延续了西周时的风格，但在造型上已不拘泥于完全模仿动物的形象，往往有大手笔的概括和提炼，因而显得比较稚拙。到了战国中、晚期，随着时代风格向繁华绚丽转变，青铜鸟兽形器的艺术风格也发生了同样的转变。不仅器身表面的装饰纹样通过镶错金银，而显得异常华丽，造型也极为逼真，甚至能够将动物的神态惟妙惟肖地表现出来。如1965年在江苏省涟水县三里墩西汉墓出土、现藏于南京博物院的战国中、晚期的错金银嵌绿松石铜牺尊，除了四足及腹部外，周身嵌错银纹，眉梢错金，额头和背盖处及尾梢嵌绿松石，风格华丽，十分考究，在造型上则作竖耳聆听状，憨态可掬。另一件此类作品的代表作，是1963年在陕西省兴平市豆马村出土、现藏于中国历史博物馆的战国中、晚期的错金云纹犀尊，通体遍布流云纹、谷粒纹和涡纹，纹饰中嵌金，或点或线，金光闪闪，华丽无比。犀牛的形象也塑造得非常生动逼真，它昂首向前，眼睛乌黑发亮，颈部皮肤褶皱分明，臀部浑圆，四肢粗壮，蹄子巨大，全身肌肉结实有力，非常符合犀牛的生理特征。

青铜器上的立体雕饰。青铜器上的立体雕饰包括附着在青铜器物局部的浮雕、圆雕、透雕。题材有人物或动物，种类非常丰富。这一类作品常因受所在器物的局限，而产生有较大的夸张、变形或者高度的抽象、概括，但也有不少作品是写实程度很高的。商代此类作品中较为写实的，有1959年在湖南省宁乡市出土、现藏于湖南省博物馆的商代后期的人面纹方鼎，鼎的腹部四面各有一个方形人面，高颧骨、高鼻梁、宽嘴、大耳、浓眉，表情肃穆。比较抽象、夸张的作品也很多，常以猛虎噬人为表现题材，形象恐怖，如司母戊大方鼎立耳上的浮雕就是这样。

西周时期，此类作品有人形或鸟兽形器足、器耳等，大体上形象较商代简化、朴素。其中有两件刖足奴隶守门方鬲，表现的是被砍去脚的裸身奴隶守卫在门旁的情形，充分揭露出奴隶制度的残酷性。

春秋战国时期仍然延续了商代和西周的传统，在青铜器物表面大量使用以人物、鸟兽为题材的立体雕饰。在题材上，这时作品中人物的形象大为丰富，而且都能看得出人物的社会地位和身份。从艺术风格上看，这些作品没有商代、西周以来的神秘怪异和凝重，变得富有现实主义气息，有的清新活泼、自然流畅，有的则繁华绚丽、多姿多彩。其中有相当一部分作品非常逼真写实，在将实用性与雕塑造型相结合方面，取得了相当高的成就，可以说，已经十分接近独立形式的雕塑。如1923年在河南省新郑李家楼出土、现分别藏于河南省博物馆和故宫博物院的春秋早期的两件立鹤方壶，在壶盖的顶部铸有一只振翅欲飞的仙鹤，亭亭玉立于壶盖上两层开放的莲瓣的正中央，极为洒脱飘逸，与器身及器耳足上的龙虎浮雕及纹饰相比，大相异趣，充分反映出春秋战国时期自由奔放的时代精神。此外，有些作品对于人物的刻画也相当生动，如中山王嚳墓出土的银首人形灯，持灯的银首铜人方脸庞，头顶方巾，浓眉短须，目光炯炯有神，面带微笑，神态从容自然。

独立的青铜雕塑。独立的青铜雕塑在性质上主要是用于观赏的工艺品，因此有别于明器雕塑；同时这一类雕塑艺术品并没有什么实际的功能用处，因此也有别于青铜鸟兽形器等在性质上附属于实用器物的雕塑。实际上，真正属于这一类的雕塑并不算太多。这类作品的代表作是1928年河南洛阳金村出土、现藏于美国波士顿美术馆的铜女孩像（此作品还有鹰师、玩鸟胡女像、青铜玩鸟俑等名称）。作品塑造了一个小女孩的形象：梳双辫，面庞丰满圆润；颈饰贝纹，长衣及膝，裙子上有竖向的褶皱，腰带间佩削及杂饰，一副胡人打扮；双手平伸出去，各举着两根棍子，头微微仰起，神情专注地盯着棍子的顶端。棍子上面各站立一只小鸟，乃是后来古董商所加，并非原本就有。这件作品人物形象的刻画细致入微，表情生动传神，通体散发着天真烂漫、质朴清纯的气息，实在是一件不可多得的艺术珍品。

此外，这一类的作品还有故宫博物院收藏的一件战国时期的铜马，1956年安徽寿县出土、现藏中国历史博物馆的大质错银卧牛，以

错银铜卧牛

这件铜卧牛身上有错银云纹，腹下有刻铭："大（府）之器"。"大府"是王室掌管财币货藏的机构，此器当是大府所藏专供王室使用的器物，故造形制作都异常精美。

及1977年在河北省平山县中山王墓出土、现藏河北省文物研究所的战国中晚期错金银双翼铜神兽和错金银铜神兽等。其中的错金银双翼铜神兽，显然带有极为浓厚的虚构幻想的成分，它昂首面向一侧作咆哮状，四肢弓曲，利爪撑地，臀部隆起，前胸下俯，两肋生翼，浑身遍布漫卷的云纹，灵气十足。这也是迄今为止发现的最早的有翼兽。后来雕塑艺术作品中时常出现的有翼兽很可能就是脱胎于此。

2. 玉、石工艺雕塑

商代的玉、石工艺雕塑相当发达，艺术水平也很高。当时玉、石工艺品有的用作宫殿中的构件或装饰，有的则是佩饰品或观赏性的雕刻小品。其题材有人物、动物，又尤以动物种类最为丰富，如妇好墓出土的玉、石雕塑中动物有数十种之多。一般来说造型都比较简洁，形体尽量布置得较为紧凑，夸张变形的成分也较大，作品上面往往有疏朗的线刻，纹样仍是商代传统的式样，艺术风格比较庄重古朴。西周时期的玉、石雕塑基本延续了商代的形式，但在风格上显得更加写实一些。

春秋战国时期的玉、石雕塑的发展，主要是纹样雕琢得更加精细，从而将古朴的造型、材料细腻的机理与精美的雕刻纹样三者完满地融为一体，因此作品也更加具有装饰效果。其中典型的作品如1928年在河南洛阳金村出土、现藏于美国弗利尔美术馆的金链舞女玉珮，有玉雕的舞女二人并排，左右对称，翩然起舞，衣裙曳地，线条十分流畅。还有相传安徽寿县出土、现藏天津市艺术博物馆的龙螭纹珮，左右对称，镂雕成双龙与双螭交错盘绕的形状，龙、螭的身上则刻画出云纹与鳞纹，不仅玉质纯润，造型优美，雕琢技艺也十分精湛，艺术水平极高。

二、明器雕塑

春秋战国时期雕塑发展的一个重要方面，就是形成并初步发展了明器雕塑。由于商周以来以活人殉葬的情况十分严重，大量奴隶遭到杀殉，极大地阻碍了生产力的进步，随着社会的发展，人的地位有所提高，开始比较重视对于劳动力的使用，人殉这种残酷的制度逐渐受到人

战国彩绘乐舞陶俑

俑通体高 3.5 ~ 8 厘米不等。人物俑面施粉红彩，衣纹皱褶清晰，发型、服装均为烧前雕刻，衣服花纹则是烧后彩绘而成。这组乐舞俑造型生动，形神兼备，风格写实，基本保存完好，表面仍保留着彩绘，在同期同类资料中具有代表性，为研究战国时期齐国的乐舞、服饰等提供了珍贵的实物资料。

们的非议。在这种情况下便形成了替代活人殉葬的俑。

最初的俑叫作“刍灵”，是用茅草扎成的人。《礼记·檀弓下》中说：“涂车刍灵，自古有之，明器之道也。”郑玄注曰：“刍灵，束茅为人马。”1937 年在河南安阳小屯曾发掘出三件商代后期的陶制奴隶（现藏于台湾），均为盘发戴枷的受刑奴隶形象，男的双手被枷于背后，女的双手被枷于胸前，制作得比较粗糙，仅有五官和大体身形。其性质是不是专用作陪葬的俑尚无法确定。

现已发现的性质明确的俑当中，年代最早的是 1972 年在山东临淄郎家庄 1 号墓出土、现藏山东省博物馆的春秋晚期陶俑。在 1 号墓的陪葬坑中，死者随葬成组的陶俑。这些陶俑形体很小，高度只有 10 厘米左右，系捏制而成，出土时多已残缺，但尚可以看出有男有女，男俑为武士，身披甲胄，似持有武器；女俑为奴婢乐伎等，衣裙上涂有彩色；

人物动作姿态幅度很大，而且把握得比较准确。需要说明的是，春秋时殉人的现象并未完全消失；殉俑也并不普及，两者在一个时期内曾经并存过。如1号墓中就是兼有殉人和殉俑。

战国时期随着社会进一步的发展前进，俑用于陪葬已变得相当普及。《韩非子·显学》中曾有“象人百万”的说法。“象人”，指的是偶像，亦即俑。战国陶俑如1955年在山西长治分水岭出土、现藏山西省博物馆的18件陶俑，形体十分细小，高度只有5厘米，姿态各异，通体施红彩，可能是奴婢乐伎及劳作俑。从类似这些战国陶俑看，此类作品一般比较注重整体造型，而不太着眼于细部刻画，因此显得十分粗略，只能说尚处于初创时的探索阶段。

战国俑中数量最多、成就最突出的是木俑。战国木俑比较集中地出土于湖南长沙、湘乡，河南信阳，湖北江陵等地的楚墓中。其中的代表作是相传出土于长沙近郊楚墓、现藏湖南省博物馆的一件持剑木俑，高52厘米，身躯系用一根整木雕成，双臂另外雕成后用榫卯镶接于肩部，木剑也是另外雕好后嵌入人物左手的。这件作品刻画出一位身着战袍的武士的形象，他长长的眉弓，眼角上挑，透露出冷峻的目光，表情十分凝重严肃；上身挺直，双臂平放，左手内横持一剑，右手握住剑鞘，随身准备将剑抽出；双膝微微弯曲，小腿粗壮有力，脚登靴子。作品的头部只处理成平顶，五官也只浅浅雕出，虽然通体上下未加以精细的雕琢，但仅凭造型简洁流畅，线条刚健有力，就已使一个威武勇士的形象生动传神，呼之欲出。

楚墓中的木俑可以说具有非常鲜明的特色。它们一般大致雕刻出人体轮廓，再在头部将眉、眼、鼻、嘴、耳等全面细致地刻画出来，而肩以下主要通过彩绘的手段加以处理。为了让人物显得更加真实，有的作品甚至身着丝绸衣裙、头戴丝质假发，还有的直接用真发堆贴。

此外，几乎每一座楚墓中还都有木雕的镇墓兽，将华丽典雅的漆绘与气势不凡的动物造型相结合，风格神秘怪诞。而且镇墓兽身上还常常插上一对真鹿角，反映了楚国文化比较迷信神异、崇拜巫术的特点。如1978年在湖北省江陵雨台山天星观楚墓出土、现藏于荆州地区博物馆的虎座飞鸟和双头镇墓兽就是其中两件代表作。

三、建筑装饰雕塑

建筑上的装饰性雕塑，大体上表现在瓦当、铺地砖、门窗构件（如铺首）等方面。通常是一些小型的浮雕纹样。对于瓦当及铺地砖上的雕饰纹样、铺首等，前面的几章我们已经做过探讨，这里就不再重复了。值得一提的是 1958 年在河北省易县燕下都遗址出土、现藏于中国历史博物馆的一件虎头形陶水道管口，非常巧妙地把排水管口制作成虎头形状，张口瞠目，双耳后竖，两足平伸，造型生动，非常可爱。

后 记

这套丛书，历时八年，终于成稿。回首这八年的历程，多少感慨，尽在不言中。回想本书编撰的初衷，我觉得有以下几点意见需作一些说明。

首先，艺术需要文化的涵养与培育，或者说，没有文化之根，难立艺术之业。凡一件艺术品，是需要独特的乃至深厚的文化内涵的。故宫如此，金字塔如此，科隆大教堂如此，现代的摩天大楼更是如此。当然也需要技艺与专业素养，但充其量技艺与专业素养只能决定这个作品的风格与类型，唯其文化含量才能决定其品位与能级。

毕竟没有艺术的文化是不成熟的、不完整的文化，而没有文化的艺术，也是没有底蕴与震撼力的艺术，如果它还可以称之为艺术的话。

其次，艺术的发展需要开放的胸襟。开放则活，封闭则死。开放的心态绝非自卑自贱，但也不能妄自尊大、坐井观天：妄自尊大，等于愚昧，其后果只是自欺欺人；坐井观天，能看到几尺天，纵然你坐的可能是天下独一无二的老井，那也不过是口井罢了。所以，做绘画的，不但要知道张大千，还要知道毕加索；做建筑的，不但要知道赵州桥，还要知道埃菲尔铁塔；做戏剧的，不但要知道梅兰芳，还要知道布莱希特。我在某个地方说过，现在的中国学人，准备自己的学问，一要有中国味，追求原创性；二要补理性思维的课；三要懂得后现代。这三条做得好时，始可以称之为21世纪的中国学人。

其三，更重要的是创造。伟大的文化正如伟大的艺术，没有创造，将一事无成。中国传统文化固然伟大，但那光荣是属于先人的。

21世纪的中国正处在巨大的历史转变时期。21世纪的中国正面临着史无前例的历史性转变，在这个大趋势下，举凡民族精神、民族传统、民族风格，乃至国民性、国民素质，艺术品性与发展方向都将发生巨大的历史性嬗变。一句话，不但中国艺术将重塑，而且中国传统都将凤凰涅槃。

站在这样的历史关头，我希望，这一套凝聚着撰写者、策划者、编辑者与出版者无数心血的丛书，能够成为关心中国文化与艺术的中外朋友们的一份礼物。我们奉献这礼物的初衷，不仅在于回首既往，尤其在于企盼未来。

希望有更多的尝试者、欣赏者、评论者与创造者也能成为未来中国艺术的史中人。

史仲文